面向新工科普通高等教育系列教材

JavaScript 前端开发基础教程

吕云翔　欧阳植昊　张　远　等编著

机械工业出版社

本书从 JavaScript 基本概念出发，由浅入深地介绍 JavaScript 在网页开发中的应用，并选取 JavaScript 开发技术中最为精髓的部分进行讲解，让读者能够更加高效地掌握 JavaScript 开发技术。本书分为 6 章，第 1 章从宏观上介绍 JavaScript 在 Web 开发中的应用；第 2 章着重介绍 JavaScript 的基本知识，如变量、运算符等；第 3 章讲解 JavaScript 的一些核心特性，如对象、事件等；第 4 章分析 JavaScript 在信息、用户交互等方面的应用；第 5 章介绍在 JavaScript 中应用最广泛的第三方库 jQuery 以及其他常见的类库；第 6 章通过综合样例来说明 JavaScript 在实际开发中的各类应用场景。

本书既可作为高等学校计算机及相关专业的网站开发与网页制作教材，也可作为网页制作爱好者与网站维护人员的学习参考书。

本书配有授课电子课件，需要的教师可登录 www.cmpedu.com 免费注册，审核通过后下载，或联系编辑索取（微信：15910938545，电话：010-88379739）。

图书在版编目（CIP）数据

JavaScript 前端开发基础教程 / 吕云翔等编著. —北京：机械工业出版社，2021.5（2025.1 重印）
面向新工科普通高等教育系列教材
ISBN 978-7-111-68059-8

Ⅰ. ①J… Ⅱ. ①吕… Ⅲ. ①JAVA 语言-程序设计-高等学校-教材
Ⅳ. ①TP312.8

中国版本图书馆 CIP 数据核字（2021）第 073854 号

机械工业出版社（北京市百万庄大街 22 号 邮政编码 100037）
策划编辑：郝建伟　　责任编辑：郝建伟　陈崇昱
责任校对：张艳霞　　责任印制：邓　博
北京盛通数码印刷有限公司印刷
2025 年 1 月第 1 版 · 第 3 次印刷
184mm×260mm · 12.25 印张 · 301 千字
标准书号：ISBN 978-7-111-68059-8
定价：49.95 元

电话服务
客服电话：010-88361066
010-88379833
010-68326294

网络服务
机 工 官 网：www.cmpbook.com
机 工 官 博：weibo.com/cmp1952
金 书 网：www.golden-book.com
机工教育服务网：www.cmpedu.com

前　言

随着信息时代的到来，掌握网页开发技术成为一项十分重要的技能。作为前端开发的必备语言，JavaScript 具有极为强大的兼容性和灵活性，可以说它是当前跨平台数据传递最方便、最灵活的一项技术，这项技术也是网页开发技术中不可或缺的一门语言。

当下，无论是 PC 端还是移动端，都装有浏览器，这就意味着几乎所有的用户端口都能接入网页。此外，常见的社交网络、电商、实时通信技术等都与网页开发技术息息相关，现代编程语言的发展也受到 JavaScript 语言的深刻影响。可以说，JavaScript 是当前展示信息和开发应用中最简单、高效的一门语言，十分值得推广学习。

在 Web 开发中，对于后端语言有很多的选择，不会局限于 Java 或者 PHP，因为还有很多同样优秀的后端语言（如 Python、Node.js）可供使用，同样还可以选择 ASP.NET，但是唯一无法选择的就是前端的 HTML+CSS+JavaScript。因此，JavaScript 是所有网站开发领域的开发者必会的一门语言，它不仅能够实现一些前端的逻辑，而且 JavaScript 中的 AJAX 技术还可以利用 XML 在不进行页面重载的情况下与服务器进行数据交换。一名优秀的 JavaScript 开发者不仅可以做出十分友好的界面和精彩的动态效果，还能够大大减轻服务器的压力。

本书旨在让读者学会前端开发的通用法则，而不是仅仅学习一种开发工具或一门语言，因为计算机技术的发展使得任何技术都面临着被淘汰的风险。本书希望读者不仅仅关注技术细节的学习，更重要的是用心体会这种开发模式，感受工具的特点，顺应语言的特质，令开发过程更为轻松而高效。

本书分为 6 章。第 1 章讲解 JavaScript 开发的一些基本背景，快速了解 JavaScript 语言的特点。希望读者通过第 1 章的学习可以拥有基本的 JavaScript 开发能力，之后可以自行学习后面的章节或自行查阅资料学习。第 2～5 章分别由易到难地对 JavaScript 展开分析。编者挑选了 JavaScript 中最重要、最实用的部分进行讲解，通过模板使用、代码规范、示例讲解等形式多方面展示了 JavaScript 的特性及功能，并将其与实际应用紧密联系。第 6 章讲解了精心挑选的 JavaScript 样例，希望读者通过学习能够进一步深化对 JavaScript 的理解。

本书由吕云翔、欧阳植昊、张远、曾洪立编写，并完成了素材的整理及配套资源的制作等工作。

由于编者水平和能力有限，书中难免有疏漏之处。恳请各位同仁和广大读者给予批评指正，也希望读者能将实践过程中的经验和心得与我们交流（yunxianglu@hotmail.com）。

编　者

目　录

第 1 章　JavaScript 入门

本章先向读者介绍 JavaScript 的历史以及语言特点，让读者对 JavaScript 语言有一个初步的了解和认识，然后讲述 JavaScript 代码的写法，并通过一段简单的代码示例初窥 JavaScript 编程的门径。

本章学习目标

- 了解 JavaScript 语言的历史背景。
- 了解 JavaScript 语言的特点及组成。
- 通过示例简单认识 JavaScript 的运行机制。

1.1　JavaScript 的诞生背景及特点

1.1.1　JavaScript 诞生背景

JavaScript 最初由网景通信公司（Netscape）的 Brendan Eich 设计，Ecma 国际以 JavaScript 为基础制定了 ECMAScript 标准。JavaScript 可以用于许多场合，如服务器端编程等。完整的 JavaScript 实现包含 3 部分：ECMAScript、文档对象模型和浏览器对象模型。ECMAScript 是一个标准，其中 2011 年发布的 ECMAScript 5.1（ES5）和 2015 年发布的 ECMAScript 6（ES6）均是 JavaScript 的国际标准，JavaScript 只是它的一个实现。为方便介绍 JavaScript 的基本特性和功能使用，接下来主要介绍 ES5 版本。文档对象模型（DOM）是针对 HTML 和 XML 文档的一个应用程序编程接口（API），通过 DOM 可以改变文档。浏览器对象模型主要是指一些浏览器内置对象，如 Window、Location、Navigator、Screen、History 等，用于完成一些操作浏览器的特定 API。

1.1.2　JavaScript 特点

1．一种解释性执行的脚本语言

同其他脚本语言一样，JavaScript 也是一种解释性语言，它提供了一个非常方便的开发环境。JavaScript 的语法结构基本形式与 C、C++、Java 十分类似，但在使用前，不像这些语言需要先编译，而是在程序运行过程中被逐行地解释。JavaScript 可以与 HTML 结合在一起，从而方便用户的使用操作。

2．一种基于对象的脚本语言

JavaScript 也可以被看作是一种面向对象的语言，这意味着 JavaScript 能运用其已经创建的对象。因此，许多功能可以来自脚本环境中对象的方法与脚本的相互作用。

3．一种简单弱类型的脚本语言

JavaScript 的简单性主要体现在以下两个方面。一方面，JavaScript 是一种基于 Java 基本语句和控制流的简单而紧凑的设计，对于使用者来说，如果想要学习 Java 或其他 C 语系

（C/C++、C#）的编程语言，JavaScript 是一种非常好的过渡，而对于具有 C 语系编程功底的开发者来说，JavaScript 也非常容易上手；另一方面，JavaScript 的变量类型采用弱类型，并未使用严格的数据类型。

4. 一种相对安全的脚本语言

JavaScript 作为一种安全性语言，无法访问本地的硬盘，且不能将数据存入服务器，不允许对网络文档进行修改和删除，只能通过浏览器来实现信息浏览或动态交互，从而有效地防止数据的丢失或对系统的非法访问。

5. 一种事件驱动的脚本语言

JavaScript 对用户的响应是以事件驱动的方式进行的。在网页（Web Page）中执行了某种操作所产生的动作，被称为“事件”（Event）。例如，按下鼠标、移动窗口、选择菜单等都可以被视为事件。当事件被触发后，可能会引起对应的事件响应，执行某些对应的脚本，这种机制被称为“事件驱动”。

6. 一种跨平台性的脚本语言

JavaScript 依赖于浏览器本身，与操作环境无关。只要计算机的浏览器能够运行，并且支持 JavaScript，JavaScript 程序就可正确执行，从而实现了“一次编写，到处运行”的梦想。

1.2 JavaScript 开发环境

使用浏览器和文本编辑器就可以进行 JavaScript 的开发，推荐使用自带调试功能的浏览器如 Chrome 和 Safari 等，如图 1.1 所示。

图 1.1 包含调试功能的浏览器（Safari）

1.3 JavaScript 快速入门

1.3.1 JavaScript 基本语法

JavaScript 的语法借鉴了常见的 Java、C 和 Perl 等语言的规则，重点如下。

1．区分大小写

与 Java 一样，JavaScript 的变量、函数名、运算符等都是区分大小写的。例如：变量“test”与变量“TEST”是不同的。

2．变量是弱类型的

与 Java 和 C 不同，JavaScript 的变量无特定的类型，定义变量时只需用 var 运算符，便可以将它初始化为任意值。因此，可以随时改变变量所存储数据的类型（尽量避免这样做）。

```
var color = "red";  // 定义 color 值为 red 的 string 变量
var num = 25;       // 定义 num 值为 25 的 int 变量
var visible = true; // 定义 visible 值为 true 的 boolean 变量
```

3．每行结尾的分号可有可无

Java、C 和 Perl 都要求每行代码以分号“;”结束才符合语法。

JavaScript 则允许开发者自行决定一行代码是否以分号结束。如果没有分号，JavaScript 就把折行代码的结尾看作该语句的结尾，前提是这样没有破坏代码的语义。

最好的代码编写习惯是总加入分号，因为没有分号，在有些浏览器中 JavaScript 代码就不能正确运行，不过根据 JavaScript 标准，下面两行代码都是正确的。

```
var test1 = "red"
var test2 = "blue";
```

4．注释与 Java、C 和 PHP 等语言的注释相同

JavaScript 借用了其他语言的注释语法，有两种类型的注释。

- 单行注释以双斜杠“//”开头。
- 多行注释以单斜杠和星号“/*”开头，以星号和单斜杠“*/”结尾。

```
//这是单行注释
/*这是多
行注释*/
```

5．花括号表示代码块

JavaScript 从 Java 中借鉴的另一个概念是代码块。代码块表示一系列应该按顺序执行的语句，这些语句被封装在左花括号“{”和右花括号“}”之间。

```
if (test1 == "red") {
    test1 = "blue";
    alert(test1);
}
```

1.3.2 JavaScript 函数

1．JavaScript 函数语法

- 函数就是封装在花括号中的代码块，前面使用了关键词 function。

```
function functionName()
{
```

```
        //代码
    }
```

当调用该函数时，会执行函数内的代码。可以在某事件发生时直接调用函数（比如当用户单击按钮时），并且可由 JavaScript 在任何位置进行调用。

2．调用带参数的函数

在调用函数时，可以向其传递值，这些值被称为参数。这些参数可以在函数中使用。同时向函数可以发送任意多的参数，由逗号“,”分隔。

```
myFunction(argument1,argument2)
// 当声明函数时，请把参数作为变量来声明
function myFunction(var1,var2)
{
    // 这里是要执行的代码
}
```

变量和参数必须以一致的顺序出现，第一个变量就是第一个被传递的参数给定的值，以此类推。

3．带有返回值的函数

有时，会希望函数将值返回到调用它的位置，通过使用 return 语句就可以实现这个操作。在使用 return 语句时，函数会停止执行，并返回指定的值。例如下面的代码，函数返回值为 5。

```
function myFunction() {
    var x=5;
    return x; // 函数返回值
}
```

4．函数使用

以下代码展示了 JavaScript 函数的使用，以及一些基本的 JavaScript 变量的使用。

```
<!DOCTYPE html>
<html>
<body>
<h1>Head1</h1>
<p>The first paragraph.</p>
<button onclick="myFunction()">Click Function</button>
<script>
  var x = 1;
  var str = "stringInfo";
  var arr = ['c','b','a'];
  function myFunction() { // 单击按钮触发的回调函数
      str += x;
      for (var i = arr.length - 1; i >= 0; i--) {
          str += arr[i];
      }
```

```
            document.write(str); // 页面输出处理结果
            console.log("Console:"+ str); // 控制台输出处理结果
        }
    </script>
    </body>
    </html>
```

以上代码中，JavaScript 代码在<script>标签内。首先声明了 3 个变量：x、str 和 arr，3 个变量会分别被 JavaScript 自动地识别为整数类型、字符串类型和字符数组类型。

```
var x = 1; // 整数类型
var str = "stringInfo"; // 字符串类型
var arr = ['c','b','a'];    // 字符数组类型
```

JavaScript 函数需要加入 function 关键字。

```
function myFunction()
```

document 是一个全局对象，调用 write 方法可以将内容输出到 HTML 页面上。

```
document.write(str);
```

最后执行了 console.log 函数，将结果输出到控制台上，这是调试中常用的技巧，其作用同 C 语言中的 printf 函数一样。执行结果如图 1.2 所示。

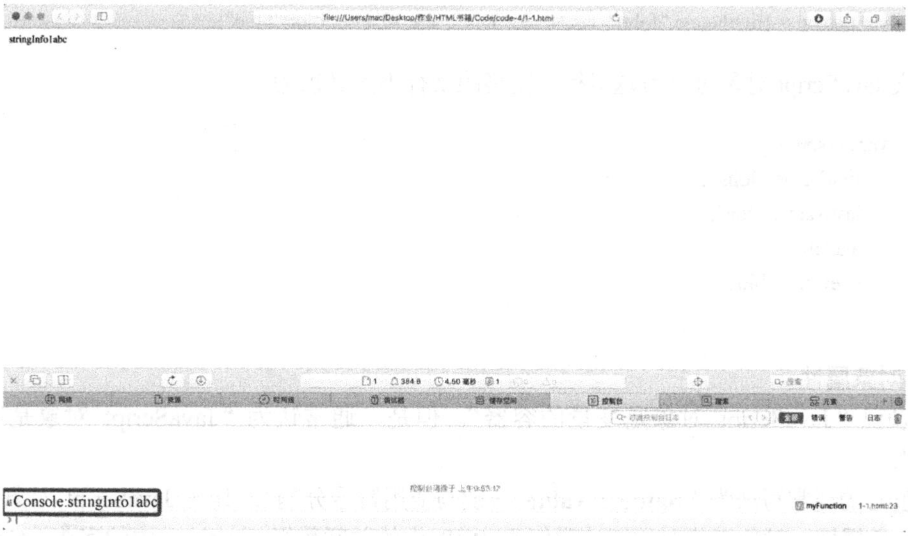

图 1.2　控制台和页面执行结果

1.3.3　JavaScript 对象

JavaScript 对象是拥有属性和方法的数据。例如在现实生活中，一辆汽车是一个对象，该对象有它的属性，如重量和颜色等，方法有起动和停止等，见表 1.1。

表 1.1　JavaScript 对象

对　象	属　性	方　法
汽车	car.name = Fiat	car.start()
	car.model = 500	car.drive()
	car.weight = 850kg	car.brake()
	car.color = white	car.stop()

所有汽车都有这些属性，但是每款车的属性都不尽相同。所有汽车都拥有这些方法，但是它们被执行的时间都不尽相同。

在 JavaScript 中，几乎所有的事物都是对象。在前面已经学习了 JavaScript 变量的赋值，以下代码的作用是将变量 **car** 的值设置为“Fiat”。

```
var car = "Fiat";
```

对象也是一个变量，但对象可以包含多个值（多个变量）。

```
var car = {type:"Fiat", model:500, color:"white"};
```

在以上实例中，将 3 个变量 (type, model, color) 赋予变量 car，并将 3 个值 ("Fiat", 500, "white") 赋予变量 car。

1．对象定义

可以使用字符来定义和创建 JavaScript 对象。

```
var person = {firstName:"John", lastName:"Doe", age:50, eyeColor:"blue"};
```

定义 JavaScript 对象可以跨越多行，空格跟换行不是必须的。

```
var person = {
    firstName:"John",
    lastName:"Doe",
    age:50,
    eyeColor:"blue"
};
```

2．对象属性

可以说“JavaScript 对象是变量的容器”。但是，通常认为“JavaScript 对象是键值对的容器”。

键值对的通常写法为“**name : value**”（键与值用冒号分隔），其在 JavaScript 对象中通常被称为**对象属性**。对象键值对的写法类似于 PHP 中的关联数组、Python 中的字典、C 语言中的哈希表等的写法。

3．访问对象属性

可以通过以下两种方式访问对象属性。

```
person.lastName;
person["lastName"];
```

4．对象方法

对象的方法定义了一个函数，并作为对象的属性存储。对象方法通过添加“()”调用（作为一个函数)。

以下实例访问了 person 对象的 fullName()方法。

```
name = person.fullName();
```

如果要访问 person 对象的 fullName 属性，它将作为一个定义对象的字符串返回。

```
name = person.fullName;
```

在随后的章节中，读者将学习到更多关于对象、属性和方法的知识。

5．访问对象方法

可以使用以下语法创建对象方法。

```
methodName: function() { code lines }
```

可以使用以下语法访问对象方法。

```
objectName.methodName()
```

通常，将 fullName()作为 person 对象的一个方法，将 fullName 作为一个属性。有多种方式可以创建、使用和修改 JavaScript 对象，同样也有多种方式用来创建、使用和修改属性和方法。

6．对象创建样例

以下代码提供了一个 JavaScript 对象的创建样例，其中提供了两种创建对象的方法。为了像传统的 C 系列语言一样，也为了更为灵活地创建对象，推荐使用方法 2 来创建对象。

```
<!DOCTYPE html>
<html>
<script >
  // 方法 1：创建对象
  var obj1 = {name:"name1", age:20, talence:"clever"};
  obj2 = obj1;
  obj2.name = "name2";
  document.write(obj2.name)
  // 方法 2：创建对象（推荐使用）
  function Person(name,age){
    this.name = name;
    this.age = age;
    this.friends = ["Jams","Martin"];
    this.sayFriends = function() {
      document.write(this.friends); // 输出到浏览器页面
    }
  }
     // 调用上面两种方法创建对象
  person1 = new Person("Kevin", 20);
```

```
        person2 = new Person("OldKevin",100);
        person1.friends.push("Joe");
        person1.sayFriends();
        document.write("<br>");
        person2.sayFriends();
    </script>
    </html>
```

小结

本章主要介绍了 JavaScript 的历史和特点，读者可以根据其历史，理解 JavaScript 在实际开发中的用法，并介绍了 JavaScrip 语言最核心的一些性质，帮助读者快速上手。

习题

判断下列说法的正误。

（1）JavaScript 是一种静态强类型的语言。

（2）开发者可以使用 BOM 轻松地删除、添加、修改和替换任何的 HTML 节点。

（3）ES6 又名 ES2015，ES2019 又名 ES10。

（4）TypeScript 是 JavaScript 的子集。

第 2 章　JavaScript 基础语法

本章先向读者介绍 JavaScript 中变量和常量的声明方法及其用法，并详细介绍 JavaScript 中的数据类型。然后讲解 JavaScript 中运算符的用法，以及常用的对数据进行操作的语句。最后，给出大量示例代码，让读者在学习本章内容后能够写出一些简单的 JavaScript 命令行语句。

本章学习目标

- 学习 JavaScript 的变量、常量以及数据类型。
- 熟悉 JavaScript 运算符的用法和功能。
- 学习 JavaScript 的基本语句。
- 能够写一些简单的 JavaScript 命令行语句。

2.1　JavaScript 变量

2.1.1　JavaScript 变量的特点

同其他编程语言类似，JavaScript 的变量也是一种用来存储信息的容器，可以通过变量名访问、修改，甚至删除变量中存储的数据。在第 1 章中提到 JavaScript 的变量是动态类型的，因此不同于 C 语言或者 Java 语言，JavaScript 的变量在声明时不需要给定其变量类型。JavaScript 的变量类型是在计算过程中动态决定的，因此它可以是数字；也可以是字符串，甚至它可以在计算前是一个数字，但在计算时被当作一个字符串来进行操作，最终得到一个字符串的结果。

2.1.2　JavaScript 变量的命名规范

JavaScript 变量的命名方式总体和其他编程语言相似，需要遵循以下几种规定。

1）变量名必须以字母、“$”或“_”符号开头，但是不建议使用后两种符号开头的方法来命名变量，因为这可能会与一些 JavaScript 库的变量或函数名产生冲突。

2）变量名称大小写敏感（A 和 a 是不同的变量）。

3）变量名不能与关键字（保留字）相同。

按照上面的规定可以声明以下变量名。

```
a
abc123
Abc123  // 与 abc123 是不同变量
_abc
$abc
```

以上变量名都是可用的，但是一般不建议使用这种没有实际含义的变量名。在实际开发中，一般需要声明一些名字可以代表其实际含义的变量，例如以下的变量。

```
Sum
studentName
UnitPrice
```

而且为了增加程序可读性，一般采用驼峰式命名法来命名变量，驼峰式命名法分为小驼峰式命名法和大驼峰式命名法。

1）小驼峰式命名法：第一个单词小写，从第二个单词开始首字母大写，如下所示。

```
firstName
lastName
```

2）大驼峰式命名法（Pascal 命名法）：每一个单词的首字母都大写，如下所示。

```
FirstName
LastName
StudentInfo
```

因为变量名不能和关键字相同，在第 1 章中提过 JavaScript 由 3 部分组成，因此这 3 部分的关键字都不能作为变量名使用，而且 JavaScript 内置的对象、属性和方法名以及 HTML 的事件句柄名也不能被用作变量名。下面分别列出了 ECMAScript 的关键字（见表 2.1）、ECMA-262 的关键字（见表 2.2），BOM 的关键字（见表 2.3），JavaScript 对象、事件和方法名（见表 2.4），以及 HTML 事件句柄名（见表 2.5）。

表 2.1 ECMAScript 的关键字

序号	关键字	序号	关键字	序号	关键字	序号	关键字	序号	关键字
1	break	6	delete	11	function	16	return	21	typeof
2	case	7	do	12	if	17	switch	22	var
3	catch	8	else	13	in	18	this	23	void
4	continue	9	finally	14	instanceof	19	throw	24	while
5	default	10	for	15	new	20	try	25	with

表 2.2 ECMA-262 的关键字

序号	关键字	序号	关键字	序号	关键字	序号	关键字	序号	关键字
1	abstract	8	static	15	native	22	goto	29	double
2	enum	9	byte	16	class	23	private	30	import
3	int	10	extends	17	synchronized	24	transient	31	public
4	short	11	long	18	float	25	debugger	32	let
5	boolean	12	super	19	package	26	implements	33	yield
6	export	13	char	20	throws	27	protected		
7	interface	14	final	21	const	28	volatile		

表 2.3 BOM 的关键字

序号	关键字	序号	关键字	序号	关键字	序号	关键字
1	alert	23	elements	45	frameRate	67	radio
2	all	24	embed	46	hidden	68	reset
3	anchor	25	embeds	47	history	69	screenX
4	anchors	26	encodeURI	48	image	70	screenY
5	area	27	encodeURIComponent	49	images	71	scroll
6	assign	28	escape	50	offscreenBuffering	72	secure
7	blur	29	event	51	open	73	select
8	button	30	fileUpload	52	opener	74	self
9	checkbox	31	focus	53	option	75	setInterval
10	clearInterval	32	form	54	outerHeight	76	setTimeout
11	clearTimeout	33	forms	55	outerWidth	77	status
12	clientInformation	34	frame	56	packages	78	submit
13	close	35	innerHeight	57	pageXOffset	79	taint
14	closed	36	innerWidth	58	pageYOffset	80	text
15	confirm	37	layer	59	parent	81	textarea
16	constructor	38	layers	60	parseFloat	82	top
17	crypto	39	link	61	parseInt	83	unescape
18	decodeURI	40	location	62	password	84	untaint
19	decodeURIComponent	41	mimeTypes	63	pkcs11	85	window
20	defaultStatus	42	navigate	64	plugin		
21	document	43	navigator	65	prompt		
22	element	44	frames	66	propertyIsEnum		

表 2.4 JavaScript 内置对象、属性和方法名

内置对象	属性	方法名
Array、Date、function、Infinity、Math、NaN、Number、Object、String、undefined	length、name、prototype	eval、hasOwnProperty、isFinite、isNaN、isPrototypeOf、toString、valueOf

表 2.5 HTML 事件句柄名

序号	关键字	序号	关键字	序号	关键字	序号	关键字
1	onblur	4	onfocus	7	onkeyup	10	onmouseup
2	onclick	5	onkeydown	8	onmouseover	11	onmousedown
3	onerror	6	onkeypress	9	onload	12	onsubmit

2.1.3 JavaScript 变量声明

JavaScript 在声明变量时不需要使用 int、string 等关键字，只需要使用 var 和 let 关键字来声明，例如：

```
var StudentName;
let Student;
```

也可以在声明变量时用等号给其赋值，例如：

```
var StudentName = "XiaoMing";
let unitPrice = 88;
```

下面用 JavaScript 声明变量，并在控制台中输出它的值。

```
var StudentName = "XiaoMing";
console.log(StudentName);
```

也可以在同一语句中声明多个变量，以逗号隔开，例如：

```
var StudentName = "XiaoMing", unitPrice = 88, Sum;
```

也可以不写在同一行中，例如：

```
let StudentName = "XiaoMing",
unitPrice = 88,
Sum
```

在 JavaScript 中，用 var 声明的变量是可以重新声明的，但是重新声明的变量的值不会丢失，而是继续保存，例如：

```
var StudentName = "XiaoMing";
var StudentName;
console.log(StudentName);
```

这段代码可以在控制台输出“XiaoMing”且不会报错，输出如图 2.1 所示。

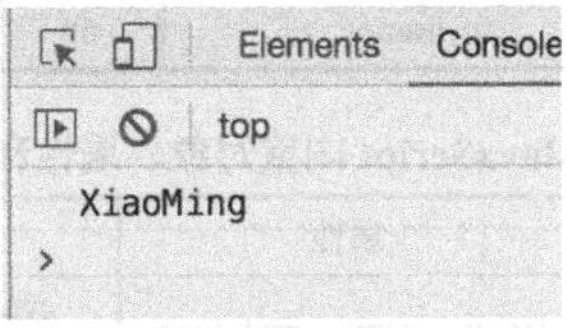

图 2.1　样例输出 2.1

但是使用 let 声明的变量是不能被重新声明的，例如：

```
let StudentName = "XiaoMing";
let StudentName; // 重新声明
console.log(StudentName);
```

这段代码运行时会报错，输出如图 2.2 所示。

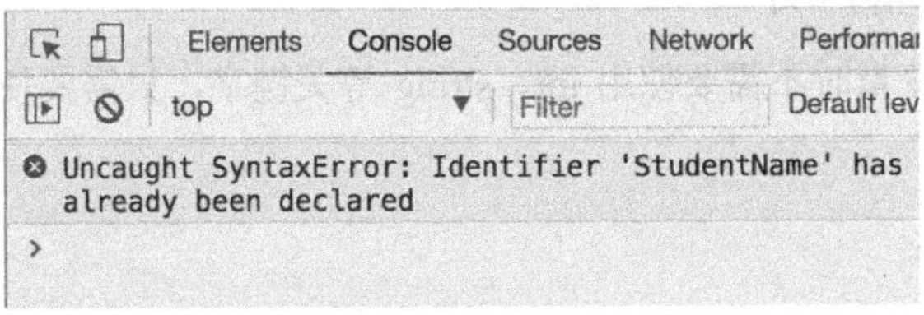

图 2.2　样例输出 2.2

其错误原因为变量已经被声明了，不能被重新声明，所以用 let 和 var 声明的变量是有一定区别的，但大体功能基本是相同的，具体的区别在以后的章节中会涉及。因为编者更习惯使用 var 关键字，所以在本书后续的代码中使用 var 来声明变量的情况会比较多。

值得注意的是，在 JavaScript 中不添加关键字 var 和 let 也可以声明变量，例如：

```
StudentName = "XiaoMing";
console.log(StudentName);
```

这段代码同样可以输出“XiaoMing”，和使用 var 声明变量的代码的结果相同。但是，不加 var 和 let 声明的“变量”和真正的变量是有区别的，不加 var 和 let 声明的变量实际上是给 Window 对象（即浏览器窗口）添加了一个不可配置的属性。

2.1.4 变量的作用域

同其他编程语言一样，JavaScript 的变量同样，拥有作用域，如果在作用域外使用变量会获取不到变量，以至于产生错误。同样，JavaScript 的变量也分为全局变量和局部变量两种类型。

1）全局变量：在函数外定义的变量，可以在所有的 HTML 文件和脚本中使用，例如：

```
var a = 1;              // 此处的 a、b 为全局变量
var b = 2;
function add() {
    console.log(a + b);
}
add();
console.log(a + " " + b);
```

这段代码可以在控制台输出“a+b、a、b”，输出如图 2.3 所示。

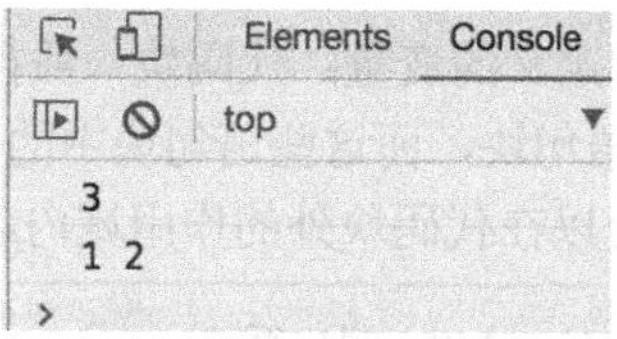

图 2.3　样例输出 2.3

2）局部变量：在函数内声明的变量，只能在局部范围（函数内部）使用，例如：

```
function add() {
    var a = 1;              //a、b 为局部变量，此处有值
    let b = 2;
    console.log(a + b);
}
add();
console.log(a + " " + b);       //a、b 并未定义
```

这段代码可以在控制台输出“a+b”但是输出“a”“b”时会报错，输出如图 2.4 所示。

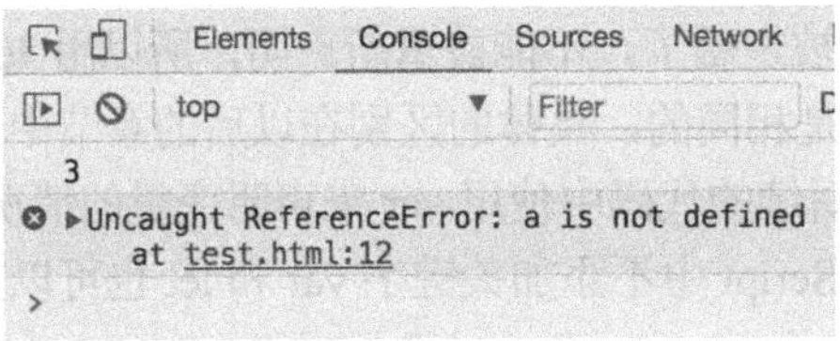

图 2.4　样例输出 2.4

3）不加 var 或者 let 声明的变量：在 2.1.3 节中介绍过，不加 var 或者 let 声明的变量实际上是给 Window 对象添加了一个不可配置的属性，既然它是整个浏览器窗口的属性，那它一定是可以作用于整个页面的，因此即使不在函数作用域中用 var 关键字声明，该变量也是全局变量，例如：

```
function add() {
        a = 1; // 局部变量，如果不声明，会当全局变量处理
        b = 2;
        console.log(a + b);
}
add();
console.log(a + " " + b);
```

这段代码可以成功输出“a+b”“a”“b”，输出如图 2.5 所示。

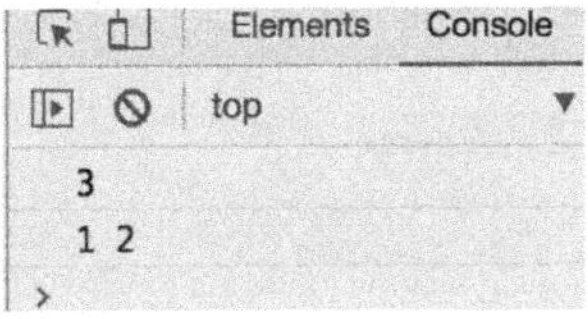

图 2.5　样例输出 2.5

4）代码块中使用 var 关键字定义的变量：代码块一般指的是花括号中包含的语句。最常见的代码块是 if 和 for 语句中的语句块，而这些语句块中的变量指的是在这些代码块中用 var 关键字定义的变量，这些变量是可以在代码块外的作用域内起作用的，例如：

```
for (var i = 0; i < 3; i++) { // 当 i == 3 时，退出循环
        var sum = i + 10;    // var 定义的变量，作用域扩大到块外
}
console.log(i);
console.log(sum);
```

这段代码能够正确输出“i”和“sum”的值，输出如图 2.6 所示。

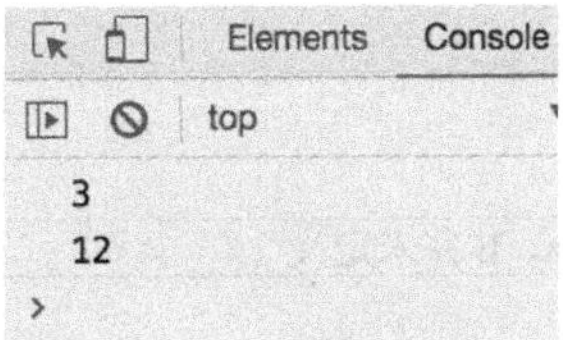

图 2.6　样例输出 2.6

值得注意的是，代码块中的函数只能在其代码块所在的作用域内使用。如果代码块位于函数中，则声明的变量为局部变量，只能在本函数中使用。而用 let 声明的函数只能在代码块中生效，在代码块以外是不能生效的。

5）var 和 let 的区别：let 关键字是在 ES6 的 JavaScript 中新规定的关键字，其目的是解决 var 关键字的一些缺陷，可以认为是更规范、更先进的 var。let 缩小了 var 的作用域，用 let 声明的变量只能在代码块中生效，在代码块以外的范围是不能生效的，否则使用时会报错。

```
for(let i = 0; i < 3; i++) {
        let sum = i + 10; // let 定义的变量，作用域为当前代码块
}
console.log(i);
console.log(sum);
```

输出如图 2.7 所示。

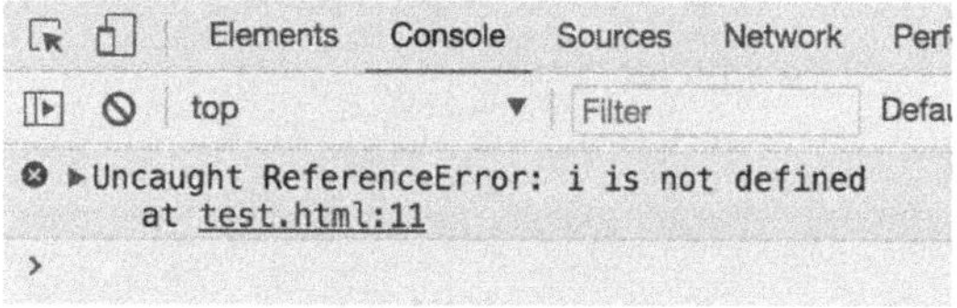

图 2.7　样例输出 2.7

用 let 定义的关键字在作用域外是不能被调用的，否则就会报错。而且用 let 定义的变量是不存在变量提升现象的，关于变量提升在后面的章节中将会详细介绍。

2.1.5　变量优先级

在 JavaScript 中，变量是可以重新定义的，在作用域相同的时候，JavaScript 会只执行其赋值语句。但是可以在前面定义一个全局变量，然后再在函数中定义一个名字相同的局部变量。一般在这种情况下，作用域越小的变量优先级越高，例如：

```
var a = 1;
function changeA() {
        var a = 2;
        console.log(a);
}
changeA();
console.log(a);
```

这段代码输出的结果是，在函数中 a 的值为“2”，在函数外的输出结果是“1”，输出如图 2.8 所示。

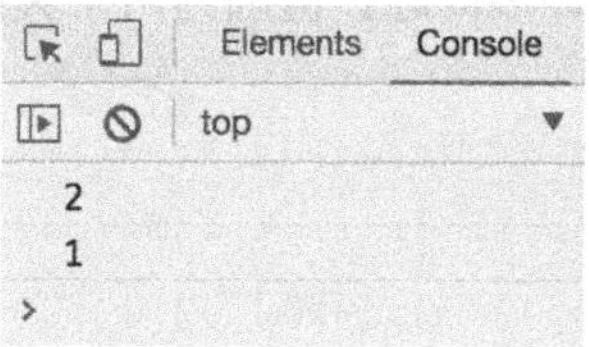

图 2.8　样例输出 2.8

从输出可以看到，在函数中，局部变量的优先级是高于全局变量的，虽然变量的名字相同，但是局部变量不会影响到同名全局变量在函数外的值。

2.1.6 变量提升

在 JavaScript 里，用 var 关键字声明的变量的声明语句都会被默认放在其作用域的最顶部，即使其声明语句在函数的最底部，它也会优先于其他类型的语句执行。因此在代码中是可以先使用变量，然后再去定义变量的，例如：

```
a = 1;
console.log(a);
var a;
```

这段代码可以正常输出 a 的值，输出如图 2.9 所示。

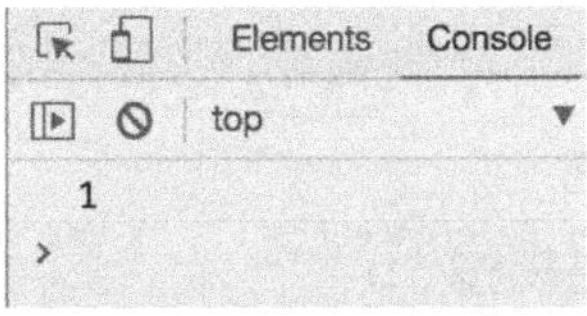

图 2.9 样例输出 2.9

虽然变量定义可以提前，但是其赋值语句是不能提前的，因此遇到提前定义变量的情况，在调用该变量前一定要先给其赋值，否则变量的类型就会变为 undefined，例如：

```
console.log(a);
var a = 1;
```

这段代码输出的 a 是“undefined”，输出如图 2.10 所示。

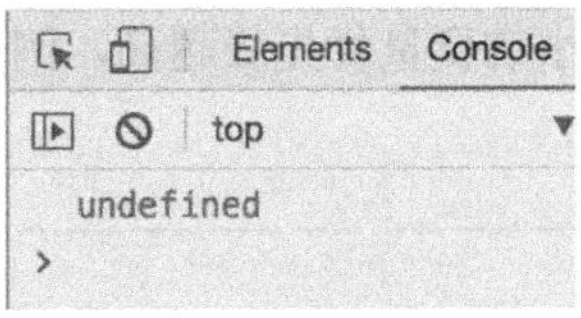

图 2.10 样例输出 2.10

虽然 JavaScript 支持变量提升，但是还是建议在其作用域顶部声明变量，这样会避免出现以上问题，而且代码的可读性也比较好，便于维护。

我们在 2.1.4 节中提到过，使用 let 关键字声明的变量是不存在变量提升现象的，因此使用 let 声明变量的语句位置不会变动。对于 JavaScript 初学者，建议尽量使用 let 关键字来声明变量，因为它更加严谨，可以避免许多问题。但因为两个关键字总体上是大同小异的，读者可以根据自身喜好进行选择。

2.2 JavaScript 数据类型

JavaScript 在声明变量时虽然不用指定其所属的数据类型，但是这并不代表变量没有数据类型。每种类型的数据对其存储空间的要求是不同的，为了把这些对存储空间要求不同的数据进行分类，于是便有了数据类型，数据类型是 JavaScript 以及其他语言的基础部分。

JavaScript 的数据类型主要分为以下 3 类。

1）基本数据类型：包括字符串类型、数字类型和布尔类型，这 3 种数据类型是 JavaScript 最常用、最基本的数据类型。

2）复合数据类型：包括数组型和对象型，它们都是基本数据类型的数据集合，可以包含多个数据类型。

3）其他数据类型：包括函数型、undefined、null，代表了 3 种比较特殊但是不可或缺的数据类型。

2.2.1 字符串类型

在几乎所有编程语言中，字符串类型都是一种常用的数据类型，它被用来存储文本数据，其数据是由 Unicode 字符组成的集合。在 JavaScript 中是没有 char 类型的，所以即使只有一个字符也要将其存储在字符串类型中。字符串类型必须放在一对单引号或者双引号中，例如：

```
var str = "Hello, World!";
console.log("a");
document.write("goodbye");
```

也可以在字符串中使用一些特殊符号，这些特殊的符号是不能直接写在字符串当中的，这时候就需要使用转义符来让它转变为本来的意思，例如：

```
var str = "Hello, \"World!\"";
console.log(str);
```

输出如图 2.11 所示。

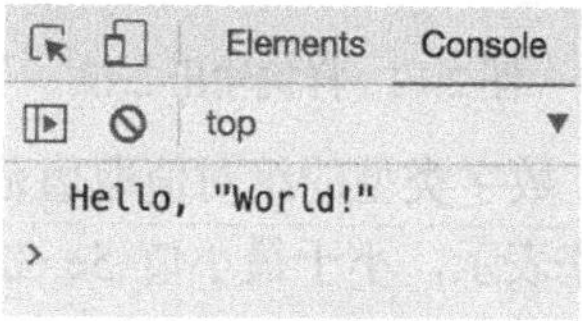

图 2.11　样例输出 2.11

这段代码可以将字符串中的引号输出，如果不加反斜杠“\”，则会因为与字符串两端的引号配对，而引起语法错误。同样，其他的特殊符号也要用类似的方式来进行转义。且字符串中的所有字符都必须放在同一行中，中间不能换行，在 JavaScript 中换行被默认为当前语句已经结束。但是如果字符串过长，确实需要换行时，可以用“\”来将字符串写在多行中。

除了刚才提到的转义符，表 2.6 中列出了一些常用的转义符。

表 2.6　JavaScript 常见转义符

字　符	转义字符
'	\'
"	\"
&	\&

（续）

字　符	转 义 字 符
\	\\
换行符	\n
回车符	\r
制表符	\t
退格符	\b
换页符	\f

2.2.2　数字类型

不同于 C 语言或者 Java 语言，JavaScript 只存在一种数据类型，是不存在整型和浮点型之分的，例如：

```
var a = 1;
var b = 10.8;
```

可以通过如下代码来获取 JavaScript 数字类型的最大值和最小值。

```
console.log(Number.MAX_VALUE);
console.log(Number.MIN_VALUE);
```

输出如图 2.12 所示。

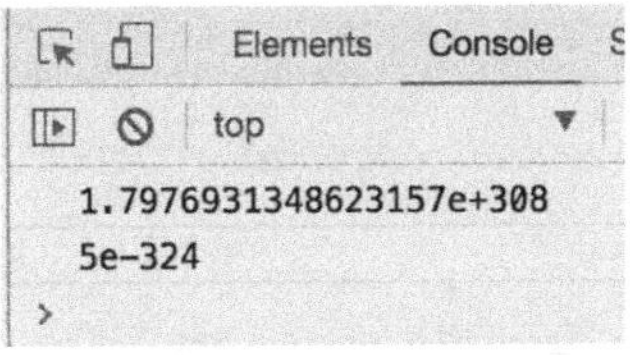

图 2.12　样例输出 2.12

由图 2.12 可以看到 JavaScript 数字类型的绝对值取值范围，大于最大值 1.7976931348623157e+308 的数值可以用 Infinity 来表示，小于最小值 5e-324 的数值用-Infinity 来表示，分别表示无穷大和无穷小。另外，在 JavaScript 中 NaN 是一个特殊的数字，它属于数字类型，但是表示某个值不是数字。

JavaScript 的数字类型通常有以下 3 种表示方式。

1）传统计数法：由数字 0~9 组成，首数字不为 0，分为整数部分和小数部分，用小数点隔开。

2）十六进制：由数字 0~9 和字母 a~f（不分大小写）组成，以“0x”开头，如 0x101、0xabc 等，这种方法只能用来表示整数。

3）科学计数法：有的数值因为太大或者太小，用传统计数法表示起来很麻烦，就可以采用科学计数法来表示。科学计数法用“aEn”来表示 a 乘以 10 的 n 次方，0≤a<10，E 也可以小写。例如 108000 可以表示为 1.08E5。

2.2.3　布尔类型

布尔类型的变量只有 true 和 false 两个值，用来表示真假，true 代表真，false 代表假。通常用于条件控制，例如：

```
var testboolean = true;
if (testboolean) {
    console.log("布尔值为真！");
}
```

输出如图 2.13 所示。

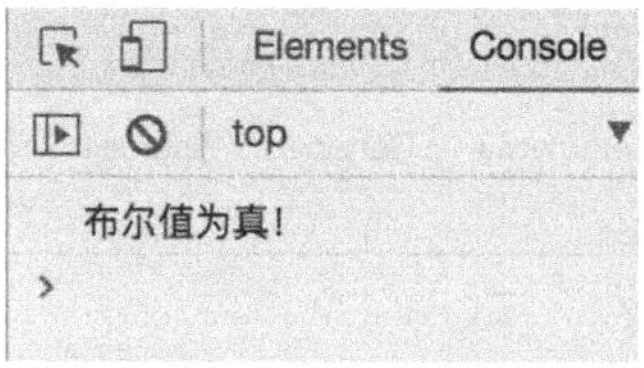

图 2.13　样例输出 2.13

2.2.4　数组类型

数组是一组数据的集合，在 JavaScript 中数组可以存放不同类型的数据，可以是基本数据类型，也可以是复合数据类型。数组中的数据称为数组的元素，数组通过给不同的元素不同的下标来存取这些元素。这些下标从 0 开始，下标为 0 的元素是数组的起始元素，例如：

```
var StudentNames = ["张三", "李四", "王五"];
console.log(StudentNames[0]);
console.log(StudentNames);
```

输出如图 2.14 所示。

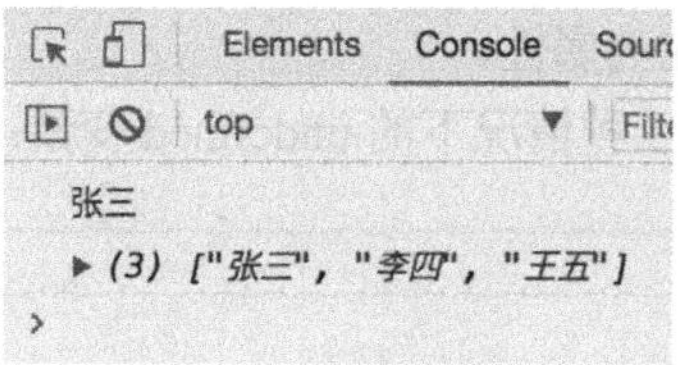

图 2.14　样例输出 2.14

可以看到数组的第一个元素就是下标为 0 的元素，也可以直接通过数组名输出数组中所有的元素。关于数组类型的初始化和访问方法等内容，将在以后的章节中具体介绍。

2.2.5　对象类型

和数组一样，对象也是数据的集合，对象也可以保存各种不同类型的数据。但是不同于数组的是，对象是用名称和数值成对的方式来存取数据的，并不是通过下标来访问数据。每个数据被赋予一个名称，这个名称被称为对象的属性，JavaScript 通过对象的属性名来存取这些数据。在声明对象时，用“属性名:值”的方式来给属性赋值，赋值使用“:”而不是“=”，每个属性之间用逗号隔开，例如：

```
var Student = {
    name: "XiaoMing",
```

```
        age: 18,
        gender: "male"
    };
```

调用时可以用“.”来调用对象的属性，也可以直接通过对象名输出全部属性，例如：

```
console.log(Student.name);
console.log(Student);
```

输出如图 2.15 所示。

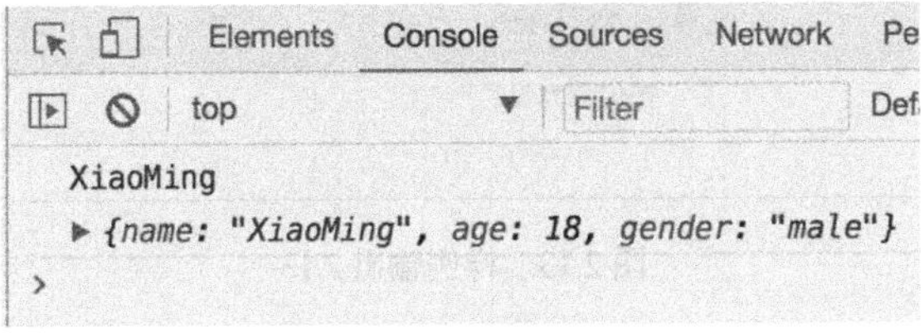

图 2.15　样例输出 2.15

对象也可以存取函数，存放在对象中的函数称为对象的方法，同样可以通过调用对象的方法名来调用函数。具体的内容以及有关对象的其他内容，将在后面的章节中深入讲解。

2.2.6　undefined

undefined 的含义是“未定义的”，其代表着一类声明了但并未赋值的变量，undefined 出现的具体情况分为以下 3 种。

1）引用了一个定义过但没有赋值的变量。

2）引用了一个数组中不存在的元素。

3）引用了一个对象中不存在的属性。

可以通过以下代码来输出这 3 种情况下的 undefined 变量：

```
var a;
var arr = [1, 2];
var student = { name : "Zhangsan" };
console.log(a);
console.log(arr[2]);
console.log(student.age);
```

输出如图 2.16 所示。

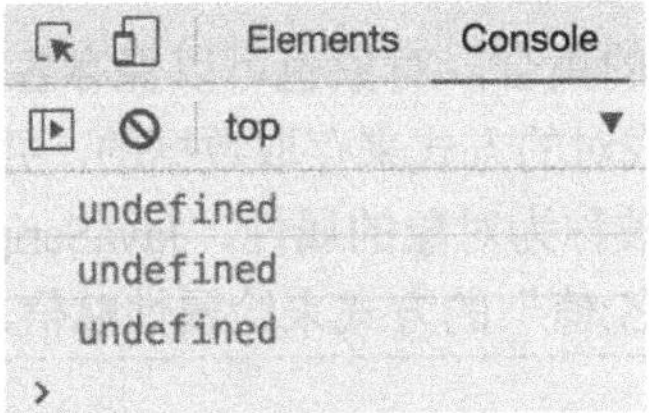

图 2.16　样例输出 2.16

后两种类型虽然未被声明，但其载体是已经被声明的，只是内部还没有被赋值，因此也可以看作“声明未赋值”来处理。

undefined 同样也可以当作值来给变量赋值，使其重置成未赋值的状态，例如：

```
var a = 1;
a = undefined;
console.log(a);
```

输出如图 2.17 所示。

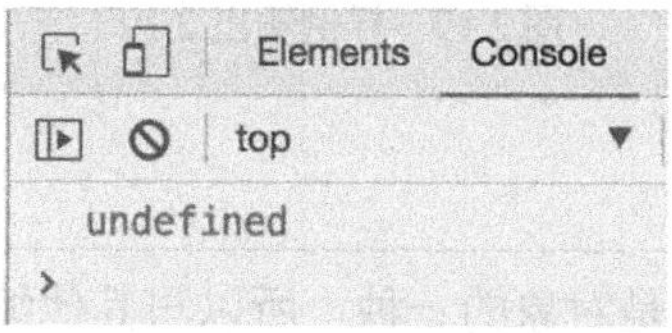

图 2.17　样例输出 2.17

作为一种值的类型，undefined 也可以用来进行条件判断，例如：

```
var a;
if (a === undefined) {
    console.log("a 未被赋值");
}
```

输出如图 2.18 所示。

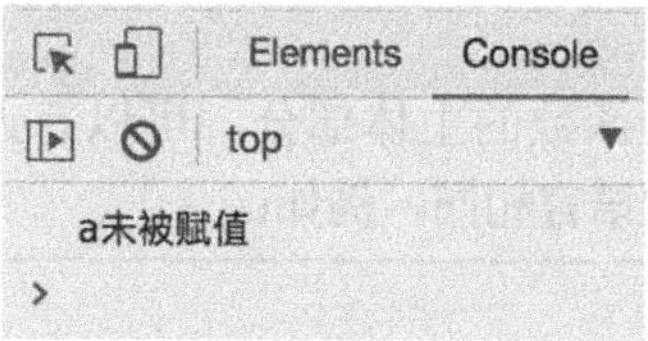

图 2.18　样例输出 2.18

2.2.7　null

null 是“空值”的意思，代表一个空的对象指针，是一个特殊的对象值。它与 undefined 的区别在于，undefined 是一个没被赋值的变量，可以认为是一个空的变量；而 null 则是代表一个空的对象。其用法与 undefined 类似。当想要定义一个对象时可以先用 null 保存一个空的对象值，例如：

```
var student = null;
```

同样，null 也可以用于条件判断，例如：

```
var student = null;
if (student === null) {
    console.log("student 是空的对象");
```

```
}
```

输出如图 2.19 所示。

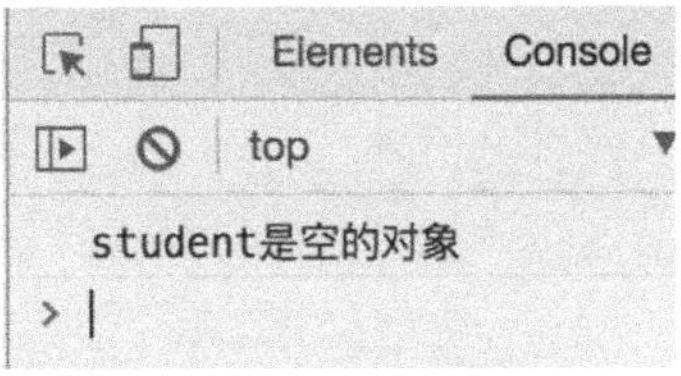

图 2.19　样例输出 2.19

2.2.8　函数类型

对 JavaScript 来说，函数也是对象的一种，所以与其他编程语言不同的是，在 JavaScript 中函数也是一种数据类型。函数是由一段代码组成的代码集合，我们把这段代码定义成一个函数，就可以随意调用这段代码。由于在 JavaScript 中函数是一种数据类型，所以像其他数据类型一样，函数可以存储在变量、数组或者对象中，甚至可以把函数当作参数进行传递，这是其他语言所做不到的。

在 JavaScript 中，函数的定义方式有很多种，在这里先介绍最常用、最简单的一种定义方式，即使用 function 关键字。

```
function 函数名(参数 1, 参数 2,…) {
    函数体
}
```

其中花括号包括的代码就是函数的主体部分，可以有返回值，也可以没有，返回值用 return 语句来传递，这与其他编程语言相同，例如：

```
function returnHello() {
    return "Hello!";
}
console.log(returnHello());
```

输出如图 2.20 所示。

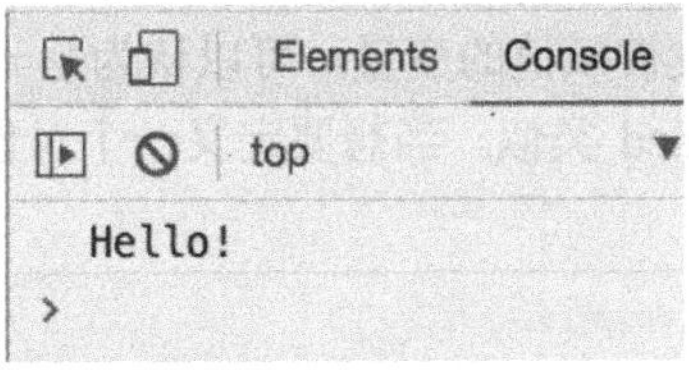

图 2.20　样例输出 2.20

在 JavaScript 中，函数可以作为值赋给变量，这时变量与函数的功能是相同的，可以通过变量名来直接调用函数，例如：

```
var sayGoodbye = function() {
```

```
        console.log("Goodbye!");
    }
    sayGoodbye();
```

输出如图 2.21 所示。

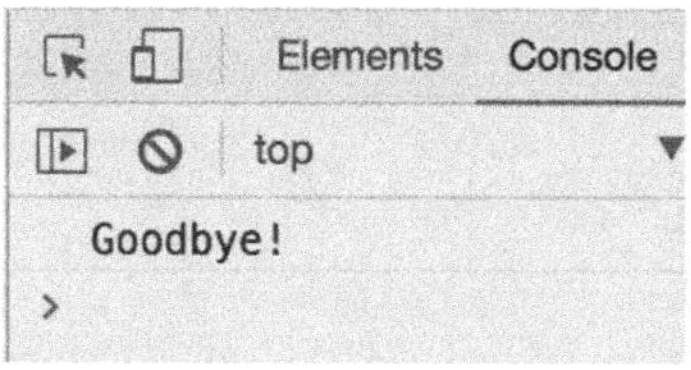

图 2.21　样例输出 2.21

在这种操作中是不需要写函数名的，函数名就是被赋给函数值的变量名，之后也是通过变量名来调用该函数。JavaScript 的函数的用法有很多种，作为一种数据类型，JavaScript 的函数用法很灵活，这也使 JavaScript 这门语言在编程中有了很大的灵活性。我们会在后面的章节中更加深入地介绍 JavaScript 的函数的用法。

2.3　JavaScript 运算符

运算符是用来对数据进行计算、比较或者赋值等一系列操作的符号，运算符有很多种类型，不同类型的运算符负责对数据进行不同种类的操作。

运算符的操作对象叫作操作数，就是需要被处理的数据。操作数可以是各种类型的数据，但它们只有在与运算符一起进行操作时才会被称为操作数。根据操作数的数量，运算符可以被分为以下 3 种。

1）一元运算符：只有一个操作数，例如“++”“--”。

2）二元运算符：有两个操作数，例如“+”“=”。

3）三元运算符：有三个操作数，在 JavaScript 中只有一个三元运算符，即“?:”。

2.3.1　算术运算符

算术运算符是用于计算数字变量之间运算结果的运算符，给定“x=2、y=1”两个变量，表 2.7 展示了 JavaScript 的算术运算符及其用法。

表 2.7　JavaScript 的算术运算符及其用法

运算符	操作	实例	输出 z
+	加法运算	z=x+y	3
-	减法运算	z=x-y	1
*	乘法运算	z=x*y	2
/	除法运算	z=x/y	2
%	取模运算	z=x%y	0
++	自增 1 运算	z=++x	3
		z=x++	2

（续）

运 算 符	操 作	实 例	输出 z
--	自减 1 运算	z = --x	1
		z = x--	2

具体用法如下所示：

```
var x = 1, y = 2;
console.log("x+y=" + (x + y));
console.log("x-y=" + (x - y));
console.log("x*y=" + (x * y));
console.log("x/y=" + (x / y));
console.log("x%y=" + (x % y));
console.log("++x=" + (++x));      // 先自加再取值
x = 1;
console.log("x++=" + (x++));      // 先取值再自加
x = 1;
console.log("--x=" + (--x));      // 先自减再取值
x = 1;
console.log("x--=" + (x--));      // 先取值再自减
```

输出如图 2.22 所示。

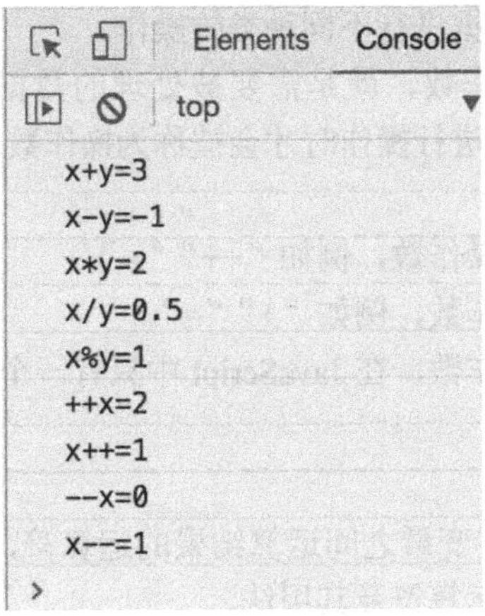

图 2.22 样例输出 2.22

需要注意的是“++”和“--”两个运算符，它们都是一元运算符。当操作数在运算符之前时，先返回操作数原值，再进行自加或者自减操作；而当操作数在运算符之后时，先进行操作，再返回操作进行后的值。

2.3.2 字符串运算符

字符串运算符用来将两个字符串连接成一个字符串，它的符号只是一个“+”，与算术运算符中的“+”是相同的，二者一个用于字符串拼接，另一个用于计算数字相加的结果。字符串运算符要求两个操作数都是字符串类型，如果有操作数为数字类型，则需要先将其转换为字符串类型，再进行拼接，例如：

```
var str1 = "小明", str2 = "是男生";
console.log(str1 + str2);
str1 = "1";
str2 = 1;
console.log(str1 + str2);
str1 = 1;
str2 = "1";
console.log(str1 + str2);
```

输出如图 2.23 所示。

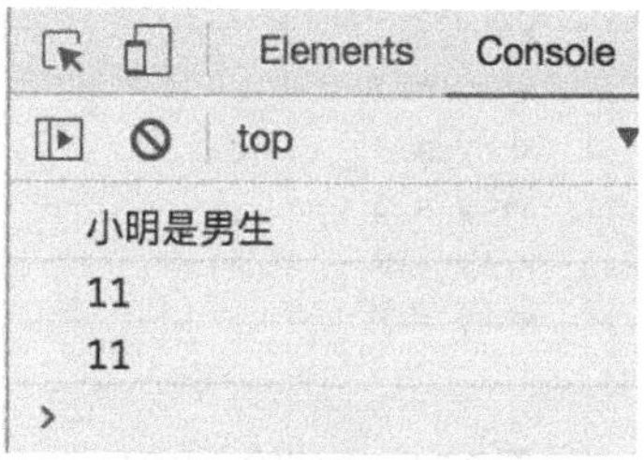

图 2.23　样例输出 2.23

从结果可以看到，如果在两个操作数中有一个是字符串类型，无论它是第一个还是第二个，都会被默认为字符串进行拼接。

2.3.3　赋值运算符

赋值运算符是用来给变量赋值的，给定“x=2、y=1”两个变量，表 2.8 展示了 JavaScript 赋值运算符的用法。

表 2.8　JavaScript 赋值运算符的用法

运算符	实例	相当于	输出 x
=	x = y		1
+=	x += y	x = x + y	3
−=	x −= y	x = x − y	1
*=	x *= y	x = x * y	2
/=	x /= y	x = x / y	2
%=	x %=y	x = x % y	0

具体用法如下：

```
var y = 1;
x = y;
console.log("x=" + x);
x += y;
console.log("x+=y = " + x);
x −= y;
```

```
console.log("x-=y = " + x);
x *= y;
console.log("x*=y = " + x);
x /= y;
console.log("x/=y = " + x);
x %= y;
console.log("x%=y = " + x);
```

输出如图 2.24 所示。

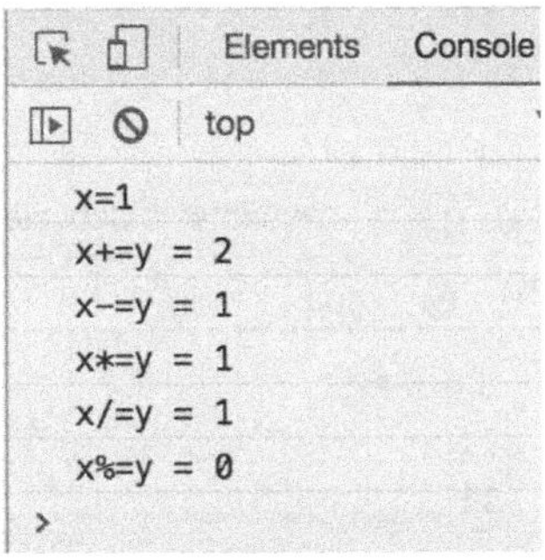

图 2.24　样例输出 2.24

2.3.4　比较运算符

比较运算符是用来比较两个数据，得出比较条件是否成立的运算符，因此比较运算符都是二元运算符，它返回的值是布尔类型的。给定 x、y 两个变量，表 2.9 展示了 JavaScript 比较运算符的用法。

表 2.9　JavaScript 比较运算符的用法

运 算 符	x	y	实　例	返 回 值
>	2	1	x > y	true
	1	2		false
<	1	2	x < y	true
	2	2		false
>=	2	1	x >= y	true
	1	1		true
	1	2		false
<=	1	2	x <= y	true
	1	1		true
	2	1		false
==	1	1	x == y	true
	1	"1"（字符串“1”）		true
	1	2		false
!=	1	2	x != y	true
	1	"1"		false
	1	1		false

（续）

运 算 符	x	y	实 例	返 回 值
===	1	1	x === y	true
	1	2		false
	1	"1"		false
!==	1	2	x !== y	true
	1	"1"		true
	1	1		false

具体用法：

```
var a = 1, b = 3, c = 1;
if (a > b) {  // 大于
    console.log("a 大于 b");
}

if (a >= b) {// 大于等于
    console.log("a 大于等于 b");
}

if (b < a) {  // 小于
    console.log("b 小于 a");
}

if (a <= c) {// 小于等于
    console.log("a 小于等于 c");
}

if (a == c) {// 等于
    console.log("a 等于 c");
}

while (a != b) {   // 不等于
    console.log("a 不等于 b, a="+ a);
    a++;
}

a = 1, b = "1", c = 1;
if (a == b) {        // 等于
    console.log("a 等于 b");
}

if (a !== b) {   // 不等同于
    console.log("a 不等同于 b");
}
```

```
    if (a === c) { // 等同于
        console.log("a 等同于 c");
    }
```

输出如图 2.25 所示。

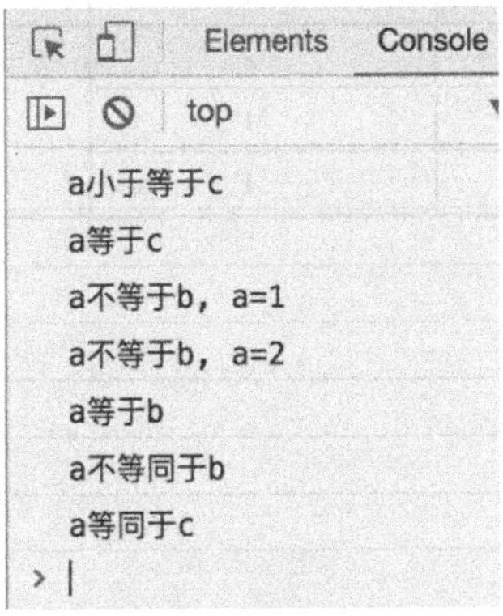

图 2.25　样例输出 2.25

需要注意的是“===”和“==”两者是不同的。前者是等同于，需要变量类型和变量的值都相同才能够返回“true”，对象类型要求两比较值是指向同一个地址的引用，否则即使值相等，此时仍然返回“false”；而后者只需要变量的值相等就可以。所以在前面的代码中 a 和 b 虽然一个是数字 1，另一个是字符串 1，但是两者的值都是 1，所以二者是相等的，但是由于类型不同，所以二者不等同。

2.3.5　逻辑运算符

逻辑运算符是用来对布尔类型进行处理返回最终的布尔类型结果的，因此它的操作数都是布尔类型，包括逻辑与（&&）、逻辑或（||）和逻辑非（!）3 种运算符。前两者是二元运算符，逻辑非是一元运算符。

1）逻辑与（&&）：当两个操作数都为 true 时才返回“true”，其余情况都返回“false”。

2）逻辑或（||）：当两个操作数都为 false 时才返回“false”，其余情况都返回“true”。

3）逻辑非（!）：当操作数为 true 时返回“false”，操作数为 false 时返回“true”。

表 2.10 展示了 3 种运算符的用法。

表 2.10　逻辑运算符用法

运　算　符	x	y	实　　例	结　　果
&&	true	true	x && y	true
	true	false		false
	false	true		false
	false	false		false
||	true	true	x || y	true
	true	false		true
	false	true		true
	false	false		false

（续）

运 算 符	x	y	实 例	结 果
!	true		!x	false
	false			true

具体用法如下：

```
// 逻辑与
var a = 1, b = 2 , c = 1;
if (a == b && a == c ) {
    console.log("a == b 且 a == c 都为真");
} else {
    console.log("a == b  和  a == c 至少有一个不为真");
}
if (a - 1 == b && a == c) {
    console.log("a -1 == b  且  a == c 都为真");
}

// 逻辑或
var a =1, b = 2, c = 1;
if (a == b || a == c) {
    console.log(" a == b  和  a == c 至少有一个为真");
}

// 逻辑非
var a = false;
if (!a ) {
    console.log("a = false");
}
```

输出如图 2.26 所示。

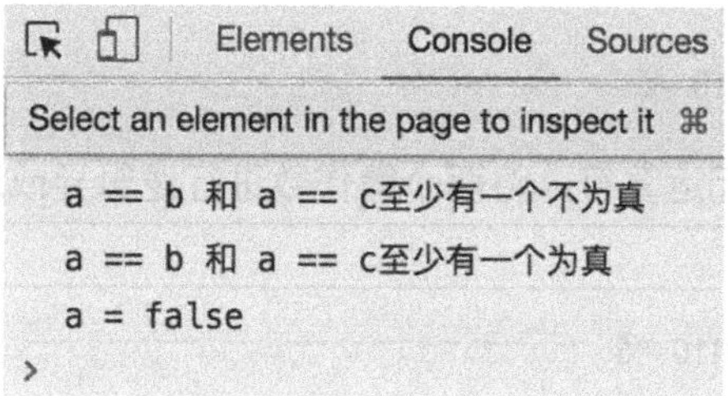

图 2.26　样例输出 2.26

在逻辑与和逻辑或中有一点需要注意，当逻辑与的第一个操作数为 false，或者逻辑或的第一个操作数为 true 时，将直接返回结果，第二个操作数中的语句将不会被执行，例如：

```
var a = 1;
if (a == 2 && (++a) == 2) { // 注意，++a 是先计算再取值，区别于 a++
    console.log("出错了!");
```

```
    }
    console.log(a);

    if (a == 1 || (++a) == 2) {
        console.log(a);
    }
```

输出如图 2.27 所示。

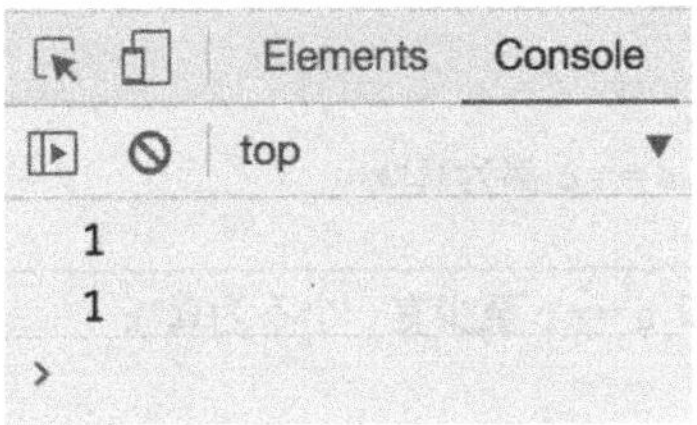

图 2.27　样例输出 2.27

从结果可以看到，“++a”这个运算并没有被执行。因此，当需要对操作数进行逻辑与、逻辑或的运算时，应该尽量把语句放在第一个操作数后，避免发生不被执行的情况。

2.3.6 位运算符

位运算符是用来对二进制数进行计算的，当使用位运算符时，JavaScript 会先把其他进制（十进制、八进制和十六进制）的数转换成 32 位的二进制数，再来进行运算，位运算符包括以下 7 种。

1）与运算（&）：二元运算符，将两个操作数进行逻辑与运算后，结果以十进制数的形式返回，例如：

```
5 & 3 = 0101 & 0011 = 0001 = 1
```

2）或运算（|）：二元运算符，将两个操作数进行逻辑或运算后，结果以十进制数的形式返回，例如：

```
4 | 2 = 0100 | 0010 = 0110 = 6
```

3）异或运算（^）：二元运算符，将两个操作数进行逻辑异或运算后，结果以十进制数的形式返回，例如：

```
5 ^ 3 = 0101 ^ 0011 = 0110 = 6
```

4）非运算（~）：一元运算符，对操作数的每一位进行非运算后，结果以十进制数的形式返回，由于进行非运算后原数的符号位也要取反，因此原数的符号会改变，例如：

```
~5 = ~ 0000 … 0101 = 1111 … 1010 = -6
```

5）左移运算（<<）：二元运算符，对第一个操作数的二进制数进行所有位数向左移动 n 位的操作，其中 n 等于第二个操作数的值，右侧空出来的位置用 0 来填补，例如：

```
10 << 2 = 1010 << 2 = 101000 = 40
```

6）无符号右移运算（>>>）：二元运算符，对第一个操作数的二进制数进行所有位数向右移动 n 位的操作，其中 n 等于第二个操作数的值，左侧空出来的位置用 0 来填补，例如：

```
10 >>> 2 = 0000 … 1010 >>> 2 = 0000 … 0010 = 2
-10 >>> 2 = 1111 … 0110 >>> 2 = 0011… 1101 = 1073741821
```

7）带符号右移运算（>>）：二元运算符，对第一个操作数的二进制数进行所有位数向右移动 n 位的操作，其中 n 等于第二个操作数的值。左侧空出来的位置根据符号填补，如果是正数（第 32 位为 0），则用 0 填补，与无符号右移运算结果相同；但如果是负数（第 32 位为 1），则用 1 来填补，例如：

```
-10 >> 2 = 1111 … 0110 >> 2 = 1111 … 1101 = -3
```

下面列出上述实例的代码来验证其正确性：

```
console.log(5 & 3);
console.log(4 | 2);
console.log(5 ^ 3);
console.log(~5);
console.log(10 << 2);
console.log(-10 >>> 2);
console.log(-10 >> 2);
```

输出如图 2.28 所示。

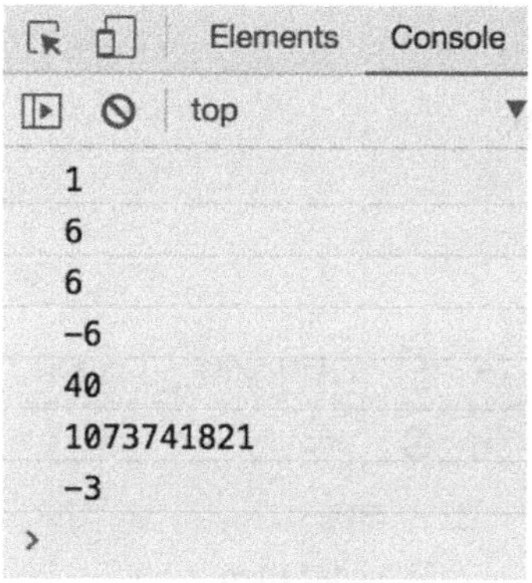

图 2.28　样例输出 2.28

2.3.7　特殊运算符

除了前几节列出的运算符之外，JavaScript 中还有一些特殊的运算符用来处理特定的问题，主要包括以下几种。

1）逗号运算符：二元运算符，用来将两个操作数隔开，在 2.1.3 节中提到用逗号来隔开在一行中声明的两个变量。逗号运算符还可以用在 for 循环语句中，将多个变量更新表达式隔开，例如：

```
for ( var i = 1, j =2; i < 5; i++, j++) {
    console.log(i + " " + j);
}
```

输出如图 2.29 所示。

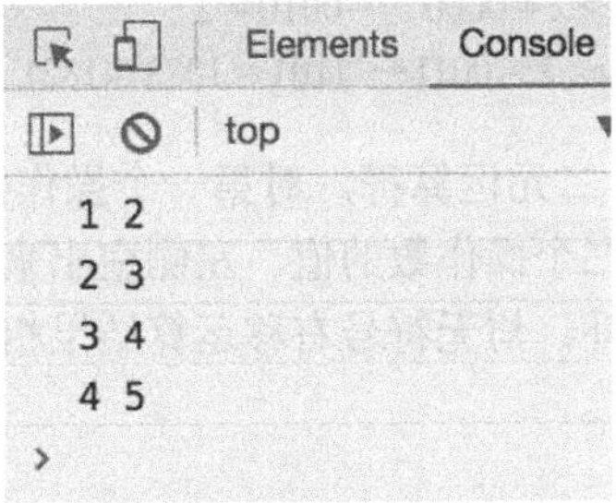

图 2.29 样例输出 2.29

2）存取运算符：二元运算符，用来存取数组或者对象中的数据，存取数组中的数据用“[]”，而存取对象中的数据则使用“.”，例如：

```
var StudentNames = ["张三", "李四", "王五"];
var Student = {name : "小明", age : 18, gender : "male"};
// 从数组和对象中取值
console.log(StudentNames[0] + " " + StudentNames[1]);
console.log(Student.name + " " + Student.male);
// 对对象和数组赋值
StudentNames[1] = "小王";
Student.age = 19;
// 从数组和对象中取值
console.log(StudentNames[1]);
console.log(Student.age);
```

输出如图 2.30 所示。

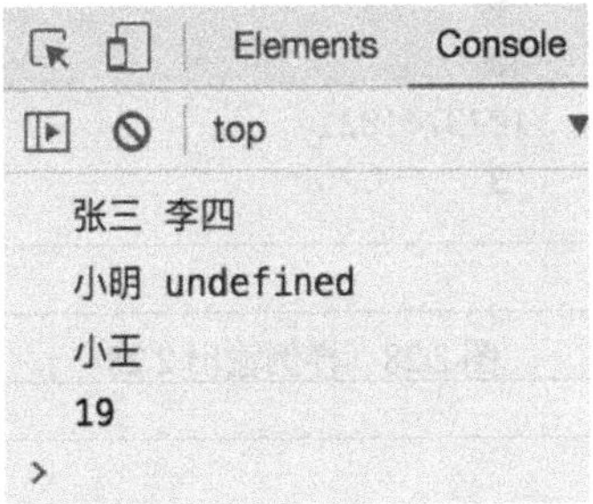

图 2.30 样例输出 2.30

3）条件运算符：三元运算符，用来根据条件的真假执行不同语句。条件运算符是 JavaScript 中唯一的一个三元运算符，以“?:”作为符号。条件运算符和“if…else”语句类似，只是写法更加简洁。如果条件语句的结果为“true”，则执行“:”前面的语句；如果结果为“false”，则执行“:”后面的语句，例如：

```
var a = 1;
a == 1 ? a = 2 : a = 3;
console.log(a);

var a = 0;
a == 1 ? a = 2 : a = 3;
console.log(a);
```

输出如图 2.31 所示。

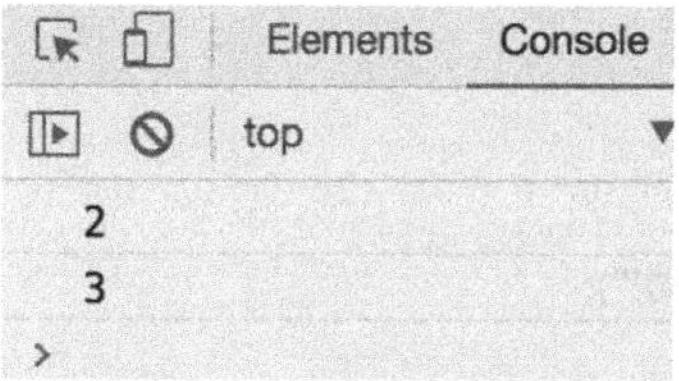

图 2.31　样例输出 2.31

4）new：一元运算符，用来创建一个新的对象，对象被创建后就可以调用其属性和方法，例如：

```
var arr = new Array(1, 2, 3);
console.log(arr[1]);
console.log(arr.toString());
```

输出如图 2.32 所示。

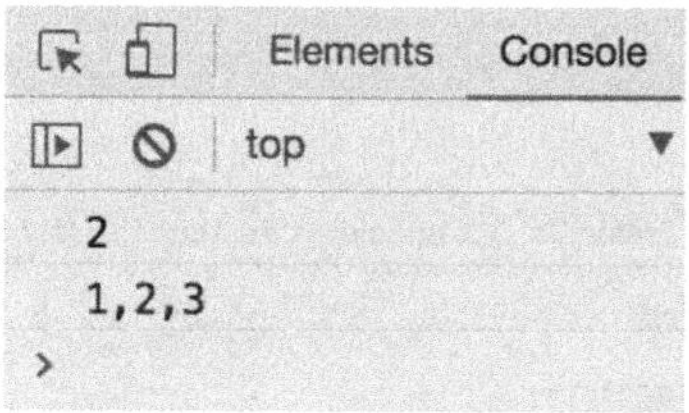

图 2.32　样例输出 2.32

5）delete：一元运算符，用来删除对象的属性或者数组中的元素，并返回一个布尔值，当删除成功时返回 true，失败时返回 false。有的书中或者教程中会说，delete 可以用来删除不用 var 或者 let 关键字定义的变量、对象或者数组。但是在之前的章节中提过，不用 var 或者 let 声明的变量其实是为 Window 对象添加一个属性，本质上与变量是有区别的。而 JavaScript 中数组的元素其实也是数组的一种属性，只是比较特殊。因此我们只谈其本质，即 delete 运算符只是用来删除对象的属性，例如：

```
var Student = {name : "小明", age : 18, gender : "male"};
if (delete Student.name) {
        console.log("Student 删除成功!");
} else {
        console.log("Student 删除失败!");
```

```
}
console.log(Student.name);

var arr = new Array(1, 2, 3);
if (delete arr[2]) {
    console.log("arr[2]删除成功!");
} else {
    console.log("arr[2]删除失败!");
}
console.log(arr[2]);

var a = 1;
if (delete a) {
    console.log("a 删除成功!");
} else {
    console.log("a 删除失败!");
}
console.log(a);

b = 1;
if (delete b) {
console.log("b 删除成功!");
} else {
    console.log("b 删除失败!");
}
console.log(b);
```

输出如图 2.33 所示。

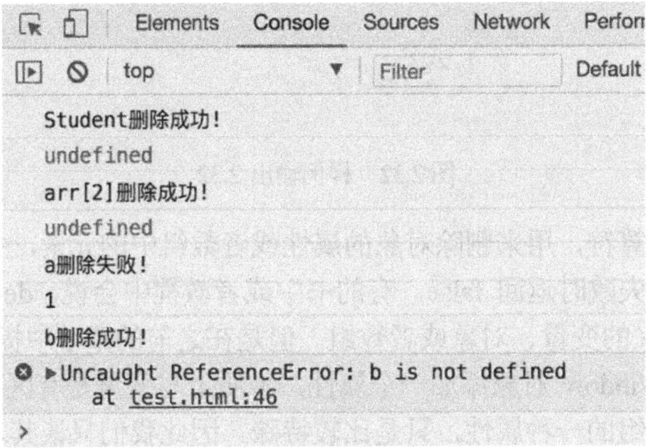

图 2.33　样例输出 2.33

从结果可以看出，我们成功删除了 Student 对象中的 name 属性和 arr 数组中的第三个元素，再试图使用这些属性或者元素时可以看到，该属性或元素已经变为“undefined”，在 2.2.6 节中提过，当对象存在而对象的属性或者数组的元素不存在时，其类型会被设定为 undefined。

而因为 a 作为变量时是不能被删除的，因此会出现删除失败的情况，这证明了 delete 是不能用于删除变量的。但是 b 作为 Window 对象的属性时是可以被删除的，但是这种不加“var”声明的变量在删除后是不能再被使用的，否则会报错。

需要注意的是，JavaScript 的核心对象的属性是不能被删除的，但是某些内置对象的属性是可以被删除的，但是不建议这么做，因为删除后这些内置对象不能再被访问。

6）this：一元运算符，用来指代当前对象，一般用于在对象或函数内部调用自身的属性或者方法时代替对象自身。在调用对象的属性或方法时，一般会用“对象名.属性名”或者“对象名.方法名()”的方法来进行调用，而“this”的用处就是把对象名替换成“this”，例如：

```
function callName(name) {
    this.name = name;
}

var XiaoMing = new callName("XiaoMing");
console.log(XiaoMing.name);
```

输出如图 2.34 所示。

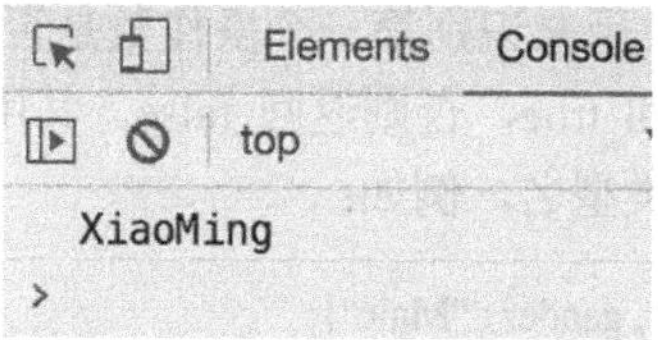

图 2.34　样例输出 2.34

7）in：二元运算符，用来判断第一个操作数是否属于第二个操作数，并返回一个布尔类型的结果，若属于则返回 true，不属于则返回 false。第一个操作数可以是数组元素的下标，也可以是对象的属性，第二个操作数就是与它们相对应的数组或者对象，例如：

```
var arr = new Array(4, 5, 6);
for (var i = 1;i < 5;i++) {
    if (i in arr) {
        console.log("下标为" + i + "的元素在数组 arr 中");
    } else {
        console.log("下标为" + i + "的元素不在数组 arr 中");
    }
}

var student = {name : "XiaoMing", age : 18};
if ("name" in student) {
    console.log("name 是 student 的属性");
}
if ("gender" in student) {
    console.log("gender 是 student 的属性");
} else {
```

```
    console.log("gender 不是 student 的属性");
}
```

输出如图 2.35 所示。

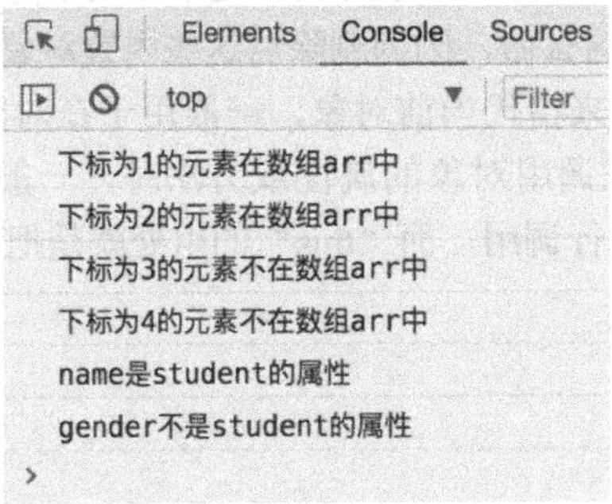

图 2.35 样例输出 2.35

需要注意的是，当查询元素是否在数组中时，第一个操作数指的是数组元素的下标，而不是元素的值。

8）instanceof：二元运算符，用来识别第一个操作数是否是第二个操作数的类型，并返回一个布尔类型的结果，如果是返回 true，否则返回 false。其用法与“in”相似，第一个操作数为对象，第二个操作数为对象的类型名，例如：

```
var obj = {name : "XiaoMing", gender : "Male"};
var arr = new Array(1, 2);

if (obj instanceof Object) {
    console.log("obj 是一个 Object 对象");
}

if (obj instanceof Array) {
    console.log("obj 是一个 Array 对象");
}

if (arr instanceof Array) {
    console.log("arr 是一个 Array 对象");
}

if (arr instanceof Date) {
    console.log("arr 是一个 Date 对象");
} else {
    console.log("arr 不是一个 Date 对象");
}
```

输出如图 2.36 所示。

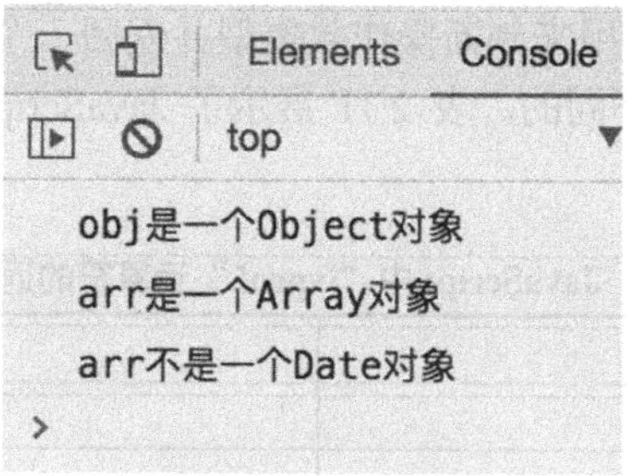

图 2.36　样例输出 2.36

同样，还可以判断对象是否属于自己定义的变量类型，例如：

```
function CrtStudent(){};
var student = new CrtStudent();
if (student instanceof CrtStudent) {
    console.log("student 属于 CrtStudent");
}
```

输出如图 2.37 所示。

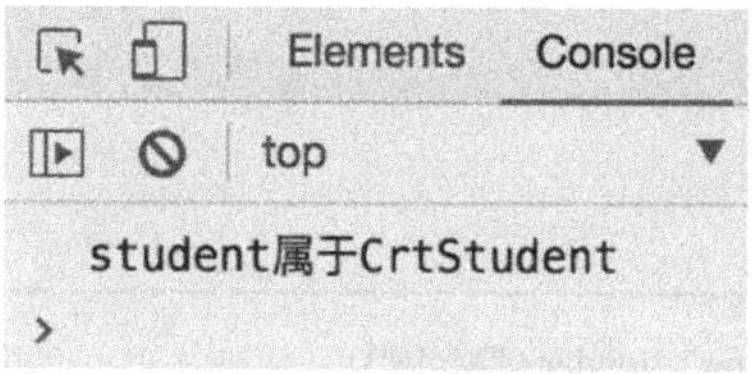

图 2.37　样例输出 2.37

9）void：一元运算符，用来取消返回值。当需要进行语句的执行，但又不需要操作数返回值或者对象时，可以用“void”来阻断这个过程，例如：

```
function hello() {
    return "hello";
}
var str = void(hello());
console.log(str);
var str = hello();
console.log(str);
```

输出如图 2.38 所示。

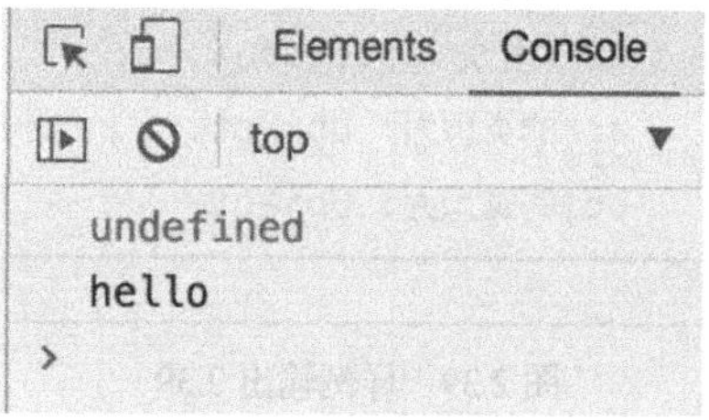

图 2.38　样例输出 2.38

10）typeof：一元运算符，用来判断操作数类型并返回一个和类型名相同的字符串，对不同类型的操作数，返回的值是不同的，表 2.11 展示了 JavaScript 中“typeof”运算符对不同类型的返回值。

表 2.11　JavaScript 中“typeof”运算符的返回结果

类　　型	返　回　值
数字类型	number
字符串类型	string
布尔类型	boolean
数组	object
对象	object
null	object
undefined	undefined
函数	function
核心对象	function
浏览器对象模型中的方法	object

具体用法如下：

```
var a = 1;
var str = "abc";
var b = false;
var arr = new Array(1,2);
var obj = { name : "XiaoMing", gender : "Male"};

console.log("a 的类型为: " + typeof(a));
console.log("str 的类型为: " + typeof(str));
console.log("b 的类型为: " + typeof(b));
console.log("arr 的类型为: " + typeof(arr));
console.log("obj 的类型为: " + typeof(obj));
```

输出如图 2.39 所示。

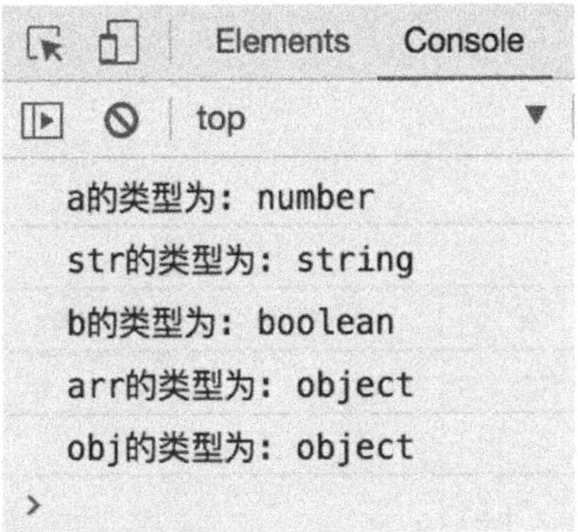

图 2.39　样例输出 2.39

2.3.8 运算符执行顺序

当一个表达式中出现多个运算符时，和我们在数学中学习的先算乘除后算加减的原理类似，不同的运算符的优先级是不同的，不是单纯按从左到右的顺序执行。因此 JavaScript 中的运算符是严格按照优先级的顺序来执行的，表 2.12 列出了 JavaScript 中各种运算符的优先级。

表 2.12　JavaScript 运算符的优先级

优 先 级	运 算 符
1	new、.、[]、()
2	++、--、-（单目）、~、!、delete、new、typeof、void
3	*、/、%
4	+、-
5	<<、>>、>>>
6	<、>、<=、>=、instanceof
7	==、!=、===、!==
8	&
9	^
10	|
11	&&
12	||
13	?:
14	=、复合赋值运算符（+=、-=等）
15	,

当遇到优先级相同的运算符时，除了几种特殊的运算符之外，一般按照从左向右的顺序执行，但也有一些运算符是从右向左执行的，多数为一元运算符，表 2.13 列出了 JavaScript 中从右向左执行的运算符。

表 2.13　JavaScript 从右向左执行的运算符

+（正号）	-（负号）	!	~	?:
赋值运算符	new	delete	typeof	void

在编码过程中，遇到多个运算符在同一表达式中时，一般不会用到像“new”一样的特殊运算符，下面代码简单展示了一些运算符的执行顺序：

```
var a = 1 + 2 * 3 / (8 - 2);
var b = 1 << 2 + 1;
console.log(a);
console.log(b);

if (a + 2 > 0 && b | 5 == 13) { // 注意该处优先级
    console.log(++a + 1);
}
```

输出如图 2.40 所示。

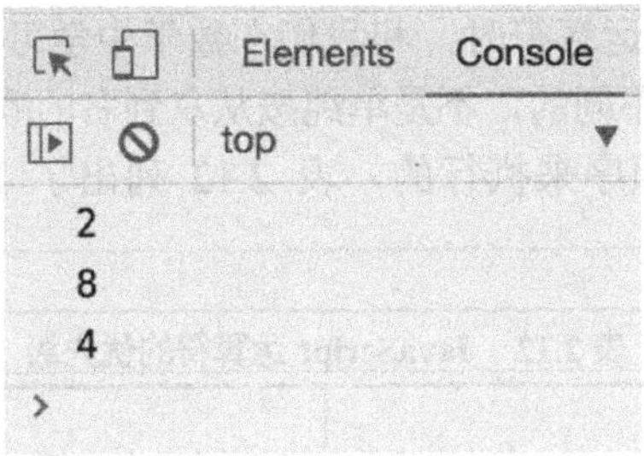

图 2.40 样例输出 2.40

在平时编码时，为了避免运算符顺序出错，建议在面对长的、复杂的表达式时，尽量将其拆分成几个表达式来写，或者运用“()”保证其顺序的正确性，这样也便于以后的查看和修改。

2.4 函数

2.4.1 函数语法

函数是由事件驱动的或者当它被调用时执行的可重复使用的代码块。

```
<!DOCTYPE html>
<html>
<head>
<script>
    function myFunction() { // 单击 button 按钮后回调函数
    alert("Hello World!");
    }
</script>
</head>
<body>
    <button onclick="myFunction()">Try it</button>
</body>
</html>
```

函数就是包裹在花括号中的代码块，它的前面使用了关键词 function，例如：

```
function functionname() {
    // 执行的代码
}
```

当调用该函数时，会执行函数内的代码。可以在某事件发生时直接调用函数（比如当用户单击按钮时），并且可由 JavaScript 在任何位置进行调用。

JavaScript 对大小写敏感，关键词 function 必须是小写的，并且在调用函数时，必须与函数名称的大小写完全相同。

2.4.2 调用带参数的函数

在调用函数时可以向其传递值，这些值被称为参数，这些参数可以在函数中使用。可以发送任意多的参数，用逗号“,”分隔：

```
myFunction(argument1, argument2)
```

在声明函数时，需要把参数作为变量来声明：

```
function myFunction(var1, var2) {
    // 代码
}
```

变量和参数必须以一致的顺序出现。第一个变量就是第一个被传递的参数的给定的值，以此类推。

```
<p>单击这个按钮，来调用带参数的函数。</p>
<button onclick="myFunction('Harry Potter', 'Wizard')">单击这里</button>
<script>
function myFunction(name, job) {
    alert("Welcome " + name + ", the " + job);
}
</script>
```

上面的函数在按钮被单击时会提示“Welcome Harry Potter, the Wizard”。

函数很灵活，可以使用不同的参数来调用函数，这样就会给出不同的消息，例如：

```
<button onclick="myFunction('Harry Potter','Wizard')">单击这里</button>
<button onclick="myFunction('Bob','Builder')">单击这里</button>
```

根据所单击的按钮的不同，上面的例子会提示“Welcome Harry Potter, the Wizard”或“Welcome Bob, the Builder”。

2.4.3 带有返回值的函数

有时，我们会希望函数将值返回到调用它的地方，通过使用 return 语句就可以实现这个操作。在使用 return 语句时，函数会停止执行，并返回指定的值。

```
function myFunction() {
    var x=5;
    return x;
}
```

上面的函数返回值为 5。

需要注意的是，整个 JavaScript 程序并不会停止执行，仅仅是函数会停止执行。JavaScript 程序将从调用函数的地方继续执行。函数调用将被返回值取代：

```
var myVar=myFunction();
```

这里 myVar 变量的值是 5，也就是函数“myFunction()”所返回的值。即使不把它保存为变量，也可以使用返回值：

```
document.getElementById("demo").innerHTML=myFunction();
```

“demo”元素的“innerHTML”将为 5，也就是函数“myFunction()”所返回的值。

可以使用传递参数的函数返回值，计算两个数字的乘积，并返回结果：

```
function myFunction(a, b) {
    return a*b;
}
document.getElementById("demo").innerHTML=myFunction(4,3);
```

“demo”元素的“innerHTML”将是 12。

在仅仅希望退出函数时，也可使用 return 语句，返回值是可选的。

```
function myFunction(a, b) {
    if (a > b) {
        return;
    }
    x = a + b;
}
```

如果 a>b，则上面的代码将会退出函数，并不会计算 a 和 b 的和。

2.4.4 函数使用样例

为了便于读者的理解，通过以下代码来实现简单计算器。

```
<html>
  <meta charset="utf-8">
  <p>简单计算器:</p>
  <table border="1" style="position:center;">
    <tr>
      <td>第一个数：</td>
      <td><input type="text" id="first"/></td>
    </tr>
    <tr>
      <td>第二个数：</td>
      <td><input type="text" id="twice"/></td>
    </tr>
    <tr>
      <td colspan="2" >
         
        <button style="width:inherit" onclick="add()">+</button>
         
        <button style="width:inherit" onclick="subtract()">-</button>
         
```

```
            <button style="width:inherit" onclick="multiply()">*</button>
             
            <button style="width:inherit" onclick="divide()">/</button>
          </td>
        </tr>
        <tr>
          <td colspan="2" rowspan="2">
            <p id="result"></p>
          </td>
        </tr>
      </table>
      </html>
      <script>
        var result_1;
        // 加法
        function add() {
            var a = getFirstNumber();
            var b = getSecondNumber();
            var re =Number(a) +Number(b);
            sendResult(re);
        }

        // 减法
        function subtract() {
          var a = getFirstNumber();
          var b = getSecondNumber();
          var re = a - b;
          sendResult(re);
        }

        // 乘法
        function multiply() {
          var a = getFirstNumber();
          var b = getSecondNumber();
          var re = a * b;
          sendResult(re);
        }

        // 除法
        function divide() {
          var a = getFirstNumber();
          var b = getSecondNumber();
          var re = a / b;
          sendResult(re);
        }
```

```
    // 给 p 标签传值
    function sendResult(result_1) {
        var num = document.getElementById("result")
        num.innerHTML = result_1;
    }

    // 获取第一个数字
    function getFirstNumber() {
        var firstNumber = document.getElementById("first").value;
        return firstNumber;
    }

    // 获取第二个数字
    function getSecondNumber() {
        var twiceNumber = document.getElementById("twice").value;
        return twiceNumber;
    }
</script>
```

在这段代码中，首先使用 HTML 建立基本的按钮以及输入框，再使用 JavaScript 获取 HTML 元素的信息，最后通过调用函数来返回加、减、乘、除运算的结果。

执行结果如图 2.41 所示。

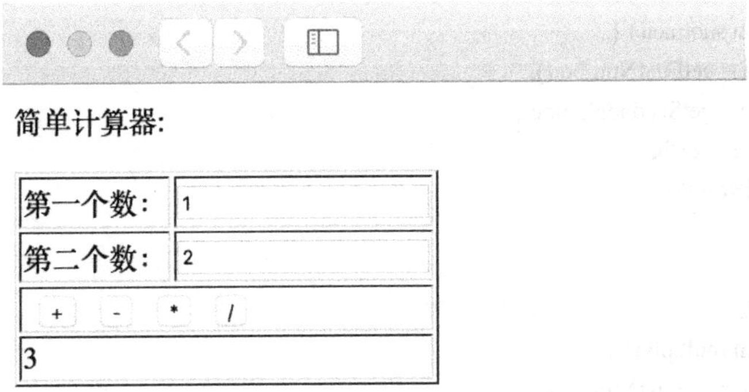

图 2.41　简单计算器

例如，“getFirstNumber”通过调用“document”类下的“getElementById”方法，获取到页面上 id=“first”的元素，即第一个输入框的数值。

```
function getFirstNumber() {
        var firstNumber = document.getElementById("first").value;
        return firstNumber;
}
```

例如，进行加法运算时，先通过“getFirstNumber”和“getSecondNumber”获取到两个相加的元素的值，再得到和。

```
function add() {
```

```
        var a = getFirstNumber();
        var b = getNumber();
        var re =Number(a) +Number(b);
        sendResult(re);
    }
```

最后调用“sendResult”方法，把界面上 id= “result” 的元素内部的 HTML 更新为新值。

```
    function sendResult(result_1) {
        var num = document.getElementById("result")
        num.innerHTML = result_1;
    }
```

2.5 代码规范

2.5.1 文件及结构

建议：

JavaScript 文件使用无 BOM 的 UTF-8 编码，在文件结尾处，保留一个空行。

解释：

UTF-8 编码具有更广泛的适应性。BOM 在使用程序或工具处理文件时，可能会造成不必要的干扰。

2.5.2 缩进

建议：

一般建议使用 4 个空格或者 2 个空格作为缩进，不建议使用制表符作为缩进。switch 下的“case”和“default”语句必须增加一个缩进层级。

示例：

```
    // 规范的缩进方式
    switch (variable) {
        case '1':
            // do...
            break;
        case '2':
            // do...
            break;
        default:
            // do...
    }

    // 不规范的缩进方式
    switch (variable) {
    case '1':
```

```
        // do...
        break;
    case '2':
        // do...
        break;
    default:
        // do...
}
```

2.5.3 空格和换行

建议：

二元运算符两侧必须有一个空格，一元运算符与操作对象之间不允许有空格。

示例：

```
var a = !arr.length;
a++;
a = b + c;
```

建议：

用作代码块起始的左花括号"{"前必须有一个空格。

示例：

```
// 规范的空格方式
if (condition) {
}

while (condition) {
}

function funcName() {
}

// 不规范的空格方式
if (condition){
}

while (condition){
}

function funcName(){
}
```

建议：

if、else、for、while、function、switch、do、try、catch、finally 等关键字后，必须有一个空格。

示例：

```
// 规范的空格方式
if (condition) {
}

while (condition) {
}

(function () {
})();

// 不规范的空格方式
if(condition) {
}

while(condition) {
}

(function() {
})();
```

建议：

在对象创建时，属性中的“:”之后必须有空格“:”之前不允许有空格。

示例：

```
// 规范的空格方式
var obj = {
    a: 1,
    b: 2,
    c: 3
};

// 不规范的空格方式
var obj = {
    a : 1,
    b:2,
    c :3
};
```

建议：

在函数声明、具名函数表达式、函数调用等语句中，函数名和“(”之间不允许有空格。

示例：

```
// 规范的空格方式
function funcName() {
}
```

```
var funcName = function funcName() {
};

funcName();

// 不规范的空格方式
function funcName () {
}

var funcName = function funcName () {
};

funcName ();
```

建议：

“,”和“;”前不允许有空格。

示例：

```
// 规范的空格方式
callFunc(a, b);

// 不规范的空格方式
callFunc(a , b) ;
```

建议：

在函数调用、函数声明、括号表达式、属性访问、if、for、while、switch、catch 等语句中，“()”和“[]”内紧贴括号的部分不允许有空格。

示例：

```
// 规范的空格方式
callFunc(param1, param2, param3);

save(this.list[this.indexes[i]]);

needIncream && (variable += increament);

if (num > list.length) {
}

while (len--) {
}


// 不规范的空格方式
callFunc( param1, param2, param3 );
```

```
save( this.list[ this.indexes[ i ] ] );

needIncreament && ( variable += increament );

if ( num > list.length ) {
}

while ( len-- ) {
}
```

建议：

如果单行声明的数组与对象中包含元素，“{}”和“[]”内紧贴括号的部分不允许包含空格。

解释：

声明中包含元素的数组与对象时，只有当内部元素的形式较为简单时，才允许写在一行。当元素的形式较为复杂时，还是应该换行书写。

示例：

```
// 规范的空格方式
var arr1 = [];
var arr2 = [1, 2, 3];
var obj1 = {};
var obj2 = {name: 'obj'};
var obj3 = {name: 'obj', age: 20, sex: 1};

// 不规范的空格方式
var arr1 = [ ];
var arr2 = [ 1, 2, 3 ];
var obj1 = { };
var obj2 = { name: 'obj' };
var obj3 = {
    name: 'obj',
    age: 20,
    sex: 1
};
```

建议：

行尾不得有多余的空格、换行。每个独立语句结束后必须换行，每行不得超过 120 个字符。

解释：

超长的、不可分割的代码允许例外，比如复杂的正则表达式，但长字符串不在例外之列。

建议：

在运算符处换行时，运算符必须在新行的行首。

示例：

```
// 规范的换行方式
if (user.isAuthenticated()
    && user.isInRole('admin')
    && user.hasAuthority('add-admin')
    || user.hasAuthority('delete-admin')
) {
    // 相应代码
}

var result = number1 + number2 + number3
    + number4 + number5;


// 不规范的换行方式
if (user.isAuthenticated() &&
    user.isInRole('admin') &&
    user.hasAuthority('add-admin') ||
    user.hasAuthority('delete-admin')) {
    // 相应代码
}

var result = number1 + number2 + number3 +
    number4 + number5;
```

建议：

在函数声明、函数表达式、函数调用、对象创建、数组创建、for 语句等场景中，不允许在“,”或“;”前换行。

示例：

```
// 规范的换行方式
var obj = {
    a: 1,
    b: 2,
    c: 3
};

foo(
    aVeryVeryLongArgument,
    anotherVeryLongArgument,
    callback
);

// 不规范的换行方式
var obj = {
    a: 1
```

```
        , b: 2
        , c: 3
};

foo(
    aVeryVeryLongArgument
    , anotherVeryLongArgument
    , callback
);
```

建议：

不同行为或逻辑的语句集，应使用空行隔开，这样才更易于阅读。

示例：

```
// 以下仅为展示逻辑换行的示例，不代表 setStyle 的最优实现
function setStyle(element, property, value) {
    if (element == null) {
        return;
    }
    element.style[property] = value;
}
```

2.5.4 命名和注释

1. 命名

建议：

变量使用 Camel 命名法。

示例：

```
var loadingModules = {};
```

建议：

常量使用“全部字母大写，单词间下画线分隔”的命名方式。

示例：

```
var HTML_ENTITY = {};
```

建议：

函数使用 Camel 命名法。

示例：

```
function stringFormat(source) {
}
```

建议：

函数的参数使用 Camel 命名法。

示例：

```
function hear(theBells) {
}
```

建议：

类使用 Pascal 命名法。

示例：

```
function TextNode(options) {
}
```

建议：

类的方法和属性使用 Camel 命名法。

示例：

```
function TextNode(value, engine) {
    this.value = value;
    this.engine = engine;
}
TextNode.prototype.clone = function () {
    return this;
};
```

建议：

枚举变量使用 Pascal 命名法，枚举的属性使用“字母全部大写，单词间下画线分隔”的命名方式。

示例：

```
var TargetState = {
    READING: 1,
    READED: 2,
    APPLIED: 3,
    READY: 4
};
```

建议：

命名空间使用 Camel 命名法。

示例：

```
equipments.heavyWeapons = {};
```

建议：

由多个单词组成的缩写词，在命名时，根据当前使用的命名法和出现的位置进行命名，所有字母的大小写与首字母的大小写保持一致。

示例：

```
function XMLParser() {
```

```
}

function insertHTML(element, html) {
}

var httpRequest = new HTTPRequest();
```

建议：

类名使用名词。

示例：

```
function Engine(options) {
}
```

建议：

函数名使用动宾短语。

示例：

```
function getStyle(element) {
}
```

建议：

boolean 类型的变量使用“is”或“has”开头。

示例：

```
var isReady = false;
var hasMoreCommands = false;
```

建议：

Promise 对象用“动宾短语的进行时”来表达。

示例：

```
var loadingData = ajax.get('url');
loadingData.then(callback);
```

2．注释

（1）单行注释

建议：

必须独占一行。“//”后跟一个空格，缩进与下一行被注释说明的代码一致。

（2）多行注释

建议：

避免使用“/*…*/”这样的多行注释。有多行注释内容时，使用多个单行注释。

（3）文档化注释

建议：

为了便于代码阅读和自文档化，在“/**…*/”形式的块注释中需要注意文档注释前必须空一行，自文档化的文档说明的是什么（what），而不是怎么做（how）。

小结

本章主要介绍了 JavaScript 语言的基本语法，是 JavaScript 的基础内容，读者只有掌握了这些基本的语法才能够正确编写 JavaScript 程序。希望读者在阅读本章的过程中多多练习给出的示例代码，并自己尝试编写代码，将所介绍的内容融会贯通。

习题

1．判断下列变量名是否规范。

（1）\u{23ff}abc

（2）$_GET

（3）_

（4）\uff4512345

（5）$

2．给出下列语句的输出。

```
for(let i=0;i<10;i++){
    for(let j=10;j<20;j++){
        if(j==11)break a;
        for(let k=20;k<30;k++){
            console.log(i,j,k);
            if(k==22)continue b;
        }
    }
}
```

3．表达式“-17%4”的结果是什么？

4．如果 function A(){};那么“new A instanceof (new A).constructor”的结果是什么？

5．“function a(){}+3”的类型是什么？结果是什么？

6．请问以下代码分别输出的是函数，还是 3？为什么？

（1）
```
var a;
(function a(){})
console.log(a);
```

（2）
```
var a;
function a(){};
console.log(a);
```

（3）
```
var a=3;
function a(){};
console.log(a);
```

7．“||”和“&&”都是根据左操作数转化为布尔类型的值来决定返回左操作数还是右操作数，左操作数一定会被求值，但是如果可以根据左操作数的值返回结果，那么右操作数就不

做运算。根据这一点，请回答下列问题。

（1）“-0 ||" "”的结果是什么？

（2）“NaN && 3 || function(){}”的结果是什么？

（3）var a={};

“false || a”的结果是什么？

“a&&true”的结果是什么？

第 3 章　JavaScript 进阶

本章详细介绍了 JavaScript 的异常处理机制，函数和对象的写法、用法和特点，以及 JavaScript 的核心对象的特点和用法。通过大量的示例代码让读者了解 JavaScript 代码的执行过程以及如何使用 JavaScript 的对象机制。

本章学习目标

- 了解 JavaScript 的异常处理机制。
- 学习 JavaScript 函数的写法、用法和回调函数。
- 学习如何创建 JavaScript 对象和对象的用法。
- 熟悉 JavaScript 核心对象的用法。

3.1　对象

3.1.1　对象创建方法

这里所讨论的对象是 JavaScript 中较为复杂的对象，或者说是传统面向对象语言中的对象，因为简单的对象概念在第 1 章已经介绍过。使用 JavaScript 创建对象的方法有很多，现在就来列举一下。

1．Object 构造函数

如下代码创建了一个 Person 对象，并用两种方式打印出了 name 的属性值。

```
var Person = new Object();
Person.name = "kevin";
Person.age = 31;
alert(Person.name);
alert(Person["name"])
```

2．对象变量创建一个对象

以下代码中的“Person["5"]”是合法的。另外，使用这种加括号的方式时，字段之间是可以有空格的，如 Person["my age"]。

```
var Person = {
    name: "Kevin",
    age: 31,
    5: "Test"
};
alert(Person.name);
alert(Person["5"]);
```

3．工厂模式创建对象

利用工厂模式创建对象时会返回带有属性和方法的 Person 对象。

```
function createPerson(name, age, job) {
    var o = new Object();
    o.name = name;
    o.age = 31;
    o.sayName = function() {
        alert(this.name);
    };
    return o;
}
createPerson("kevin", 31, "se").sayName();
```

4．自定义构造函数

这里需要注意命名规范，构造函数的首字母要大写，以区别于其他函数。这种方式需要注意的是 sayName 这个方法，它的每个实例都是指向不同的函数实例的，而不是指向同一个。

```
function Person(name, age, job) {
    this.name = name;
    this.age = age;
    this.job = job;
    this.sayName = function() {
        alert(this.name);
    };
}

var person = new Person("kevin",31,"SE");
person.sayName();
```

5．原型模式

原型模式解决了自定义构造函数中提到的问题，使不同的对象的函数（如 sayFriends）指向了同一个函数。但它本身也有缺陷，就是实例共享了引用类型 friends，从下面代码的执行结果可以看到，两个实例的 friends 的值是一样的，这并不是我们所期望的。

```
function Person() {
}
Person.prototype = {
    constructor: Person,
    name: "kevin",
    age: 31,
    job: "SE",
    friends: ["Jams","Martin"],
    sayFriends: function() {
        alert(this.friends);
    }
};
```

```
var person1 = new Person();
person1.friends.push("Joe");
person1.sayFriends(); //  Jams,Martin,Joe
var person2 = new Person();
person2.sayFriends(); //  James,Martin,Joe
```

6．组合使用原型模式和构造函数

这种方法解决了原型模式中提到的缺陷，而且也是使用最广泛、认同度最高的创建对象的方法。

```
function Person(name, age, job) { //  构造函数
    this.name = name;
    this.age = age;
    this.job = job;
    this.friends = ["Jams", "Martin"];
}
Person.prototype.sayFriends = function() { //  原型模式
    alert(this.friends);
};
var person1 = new Person("kevin", 31, "SE");
var person2 = new Person("Tom", 30, "SE");
person1.friends.push("Joe");
person1.sayFriends();//  Jams,Martin,Joe
person2.sayFriends();//  Jams,Martin
```

7．动态原型模式

这种模式的好处在于它看起来更像传统的面向对象编程，具有更好的封装性，因为在构造函数中完成了对原型的创建。这也是一种推荐的创建对象的方法。

```
function Person(name, age, job) {
    // 属性
    this.name = name;
    this.age = age;
    this.job = job;
    this.friends = ["Jams", "Martin"];
    // 方法
    if(typeof this.sayName != "function") {
        Person.prototype.sayName = function() {
            alert(this.name);
        };
        Person.prototype.sayFriends = function() {
            alert(this.friends);
        };
    }
}

var person = new Person("kevin", 31, "SE");
```

```
person.sayName();
person.sayFriends();
```

另外，还有两种创建对象的方法，寄生构造函数模式和稳妥构造函数模式。由于这两个函数不是特别常用，这里就不给出具体代码了。

介绍了这么多创建对象的方法，其中推荐使用方法 6 和方法 7。当然，在真正开发中要根据实际需要进行选择，如果创建的对象根本不需要方法，也就没必要一定要选择它们了。

3.1.2 对象创建示例

使用方法 6（组合使用原型模式和构造函数）来实现对象的创建和打印。代码如下：

```
<!DOCTYPE html>
<html>
<script >
  function Person(name, age) {
    this.name = name;
    this.age = age;
    this.friends = ["Jams", "Martin"];
    this.sayFriends = function() {
      document.write(this.friends);
    }
  }
  Person.prototype.sayFriends = function(){
  }

  person1 = new Person("Kevin", 20);
  person2 = new Person("OldKevin", 25);
  person1.friends.push("Joe");
  person1.sayFriends();
  document.write("<br>");
  person2.sayFriends();
</script>
</html>
```

打印结果如图 3.1 所示。

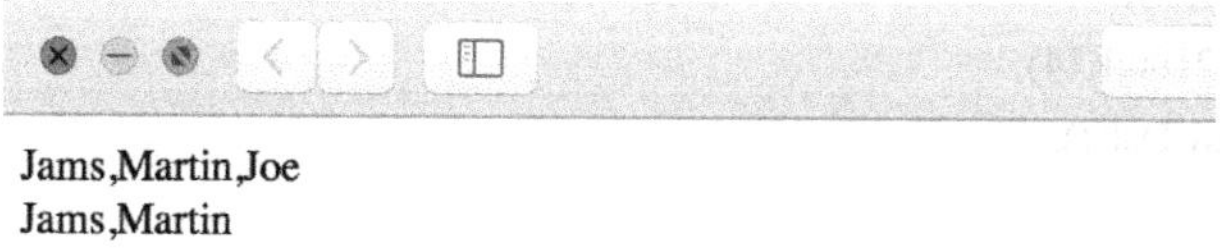

图 3.1 JavaScript 对象打印结果

3.1.3 日期对象

下面介绍如何创建和设置日期，以及两个日期的比较。

1．创建日期

Date 对象用于处理日期和时间。可以通过 new 关键词来定义 Date 对象。以下代码定义了名为“myDate”的 Date 对象。

有四种方式来初始化日期：

```
new Date() // 当前日期和时间
new Date(milliseconds) // 返回从 1970 年 1 月 1 日至今的毫秒数
new Date(dateString)
new Date(year, month, day, hours, minutes, seconds, milliseconds)
```

上面的参数大多数都是可选的，在不指定的情况下，参数默认为 0。日期的实例化代码如下：

```
var today = new Date()
var d1 = new Date("October 13, 1975 11:13:00")
var d2 = new Date(79,5,24)
var d3 = new Date(79,5,24,11,33,0)
```

2．设置日期

通过使用针对日期对象的方法，可以很容易地对日期进行操作。在下面的例子中，我们为日期对象设置了一个特定的日期（2010 年 1 月 14 日）：

```
var myDate = new Date();
myDate.setFullYear(2010,1,14);
```

在下面的例子中，我们将日期对象设置为 5 天后的日期：

```
var myDate = new Date();
myDate.setDate(myDate.getDate()+5);
```

需要注意的是，如果增加天数会改变月份或者年份，日期对象会自动完成这种转换。

3．两个日期的比较

日期对象也可用于比较两个日期。下面的代码将当前日期与 2100 年 1 月 14 日做了比较：

```
var x = new Date();
x.setFullYear(2100,1,14);
var today = new Date();

if (x > today) { // x 表示的日期和当前日期做比较
    alert("今天是 2100 年 1 月 14 日之前");
} else {
    alert("今天是 2100 年 1 月 14 日之后");
}
```

3.1.4 对象样例

为说明对象的使用，以一个钟表为例，代码如下。

```
<!DOCTYPE html>
<html>
<head>
<meta charset="utf-8">
<title>Data Clock Sample</title>
<script>
  function checkTime(i){
    if (i < 10){
      i = "0" + i;
    }
    return i;
  }

  function startTime() {
    var today = new Date();                    // 当前时间
    var h = today.getHours();                  // 获取小时，24 小时制
    var m = today.getMinutes();                // 获取分钟
    var s = today.getSeconds();                // 获取秒数
    m = checkTime(m);                          // 在小于 10 的数字前加一个 “0”
    s = checkTime(s);
    document.getElementById('txt').innerHTML = h + " : " + m + " : " + s;
    t = setInterval (function(){startTime()},500);    // 每隔 500ms 后执行
  }
</script>
</head>
<body onload="startTime()">
    <div id="txt"></div>
</body>
</html>
```

上述代码通过 Date 对象获取到了当前的时间，同时调用 Date 对象的 getHours、getMinutes、getSeconds 方法分别获取到了时间的时、分、秒。

最后使用 setInterval 方法设置一个计时器，每隔 500ms 调用一次 startTime 方法，实现界面的更新。

```
t = setInterval(function(){startTime()},500);
```

最后结果如图 3.2 所示。

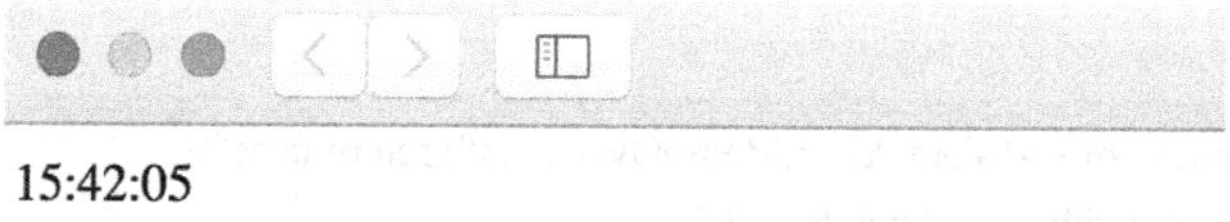

图 3.2　钟表示例

3.2 事件

3.2.1 基本概念

JavaScript 使我们有能力创建动态页面，而事件是可以被 JavaScript 侦测到的行为。网页中的每个元素都可以产生某些可以触发 JavaScript 函数的事件。比如说，可以在用户单击某按钮时产生一个 onClick 事件来触发某个函数。事件在 HTML 页面中定义。

例如单击鼠标，页面或图像载入，鼠标悬浮于页面的某个热点之上，在表单中选取输入框，确认表单，键盘按键等，这些用户行为都是事件。通过控制这些事件可以决定用户的行为将会产生怎样的反馈效果。

3.2.2 事件分类

1．onload 和 onUnload 事件

当用户进入或离开页面时就会触发 onload 和 onUnload 事件。onload 事件常用来检测访问者的浏览器类型和版本，然后根据这些信息载入特定版本的网页。

onload 和 onUnload 事件也常被用来处理用户进入或离开页面时所产生的 Cookie。例如，当某用户第一次进入页面时，可以使用消息框来询问用户的姓名。姓名（如 John Doe）会被保存在 Cookie 中。当用户再次进入这个页面时，可以使用另一个消息框来和这个用户打招呼："Welcome John Doe!"。

2．onFocus、onBlur 和 onChange 事件

onFocus、onBlur 和 onChange 事件通常相互配合用来验证表单。

下面是一个使用 onChange 事件的例子。一旦用户改变了域的内容，checkEmail()函数就会被调用。

```
<input type="text" size="30" id="email" onchange="checkEmail()">
```

3．onSubmit 事件

onSubmit 事件用于在提交表单之前验证所有的表单域。

下面是一个使用 onSubmit 事件的例子。当用户单击表单中的确认按钮时，checkForm()函数就会被调用。假如域的值无效，此次提交就会被取消。checkForm()函数的返回值是 true 或者 false。如果返回值为 true，则提交表单，反之则取消提交。

```
<form method="post" action="xxx.htm" onsubmit="return checkForm()">
```

4．onMouseOver 和 onMouseOut 事件

onMouseOver 和 onMouseOut 用来创建"动态的"按钮。

下面是一个使用 onMouseOver 事件的例子。当 onMouseOver 事件被脚本侦测到时，就会弹出一个警告框。

```
<a href="" onmouseover="alert('An onMouseOver event');return false">
    <imgsrc="" width="100" height="30">
</a>
```

5. 常见事件

JavaScript 常见事件见表 3.1。

表 3.1 JavaScript 常见事件

事 件	当以下情况发生时，出现此事件
onAbort	图像加载被中断
onBlur	元素失去焦点
onChange	用户改变域的内容
onClick	鼠标单击某个对象
onDblclick	鼠标双击某个对象
onError	当加载文档或图像时发生某个错误
onFocus	元素获得焦点
onKeyDown	某个键盘的键被按下
onKeyPress	某个键盘的键被按下或按住
onKeyUp	某个键盘的键被松开
onLoad	某个页面或图像被完成加载
onMouseDown	某个鼠标按键被按下
onMouseMove	鼠标被移动
onMouseOut	鼠标从某元素移开
onMouseOver	鼠标被移到某元素之上
onMouseUp	某个鼠标按键被松开
onReset	重置按钮被单击
onResize	窗口或框架被调整尺寸
onSelect	文本被选定
onSubmit	提交按钮被单击
onUnload	用户退出页面

3.2.3 事件样例

为了更好地了解事件，可以通过以下实例来加深对事件的理解。通过对按钮（button）的 onClick 事件绑定显示时间的函数，来实现时间的显示功能。代码如下：

```
<!DOCTYPE html>
<html>
<head>
    <meta charset="utf-8">
    <title>菜鸟教程(runoob.com)</title>
</head>
<body>
    <p>单击按钮执行 <em>displayDate()</em> 函数.</p>
    <button onclick="displayDate()">点这里</button>
    <p id="demo"></p>
    <script>
        function displayDate(){
```

```
                document.getElementById("demo").innerHTML = Date();
            }
        </script>
    </body>
    </html>
```

时间显示功能效果如图 3.3 所示。

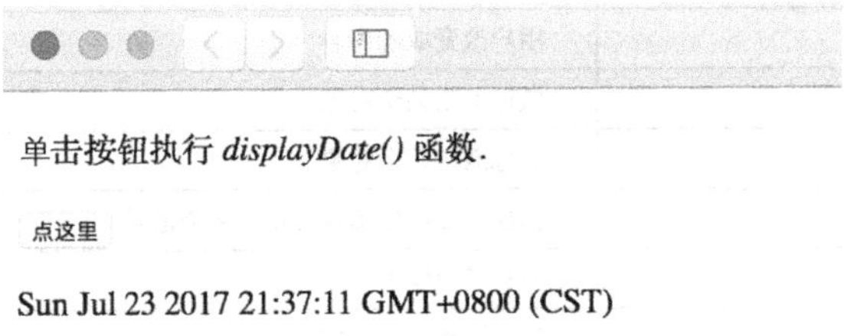

图 3.3　时间显示功能示例

3.3　JavaScript 核心对象

在 JavaScript 中有很多内置的对象可以供开发者直接使用，这些对象被称为 JavaScript 的核心对象，用户可以在任何情况下使用。本节将详细介绍 Number、String、Boolean、Date、Math、RegExp 和数组这几大核心对象。

3.3.1　Number 对象

Number 对象就是数字对象，数字类型是 JavaScript 的几大数据类型之一，其作为数据类型的用法在 2.2.2 中已经详细介绍过，在这里不再赘述。数字对象与数字类型在本质上其实是不同的，本节将从对象的角度来深入分析数字对象的属性和方法。

作为一个对象，数字对象一定会有构造函数、属性和方法。对于构造函数来说，数字对象的创建方法和其他对象相同，其构造函数有一个参数，是数字对象的数值，当参数为空时，其数值等于 0，创建数字对象的具体写法如下：

```
var num1 = new Number();
var num2 = new Number(1);
console.log(num1);
console.log(num2);
```

输出如图 3.4 所示。

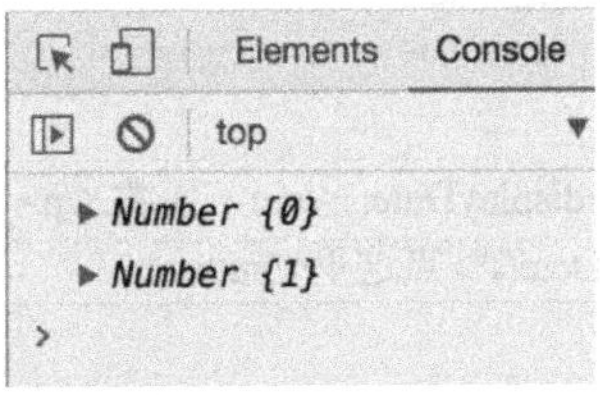

图 3.4　样例输出 3.4

从结果可以看到，数字对象的输出结果和普通的数字变量是有区别的，不只是以一个单纯的数字的形式输出，而是以一个对象的形式输出。

对于数字对象的属性来说，除了原型对象中都存在的 prototype 和 constructor 这两个和原型对象相关的属性外，还有其他的属性。数字对象的其他属性见表 3.2。

表 3.2　Number 对象的其他属性

属　性　名	属 性 说 明	属　性　值
NaN	表示不是数字	NaN
MAX_VALUE	JavaScript 数字取值的最大值	1.7976931348623157e+308
MIN_VALUE	JavaScript 数字取值的最小值	5e-324
POSITIVE_INFINITY	表示正无穷大	Infinity
NEGATIVE_INFINITY	表示负无穷大	-Infinity

数字对象的属性是通过数字对象的构造函数直接调用的，而不能通过数字对象本身调用，调用方式如下：

```
console.log(Number.NaN);
console.log(Number.MAX_VALUE);
console.log(Number.MIN_VALUE);
console.log(Number.NEGATIVE_INFINITY);
console.log(Number.POSITIVE_INFINITY);
```

输出如图 3.5 所示。

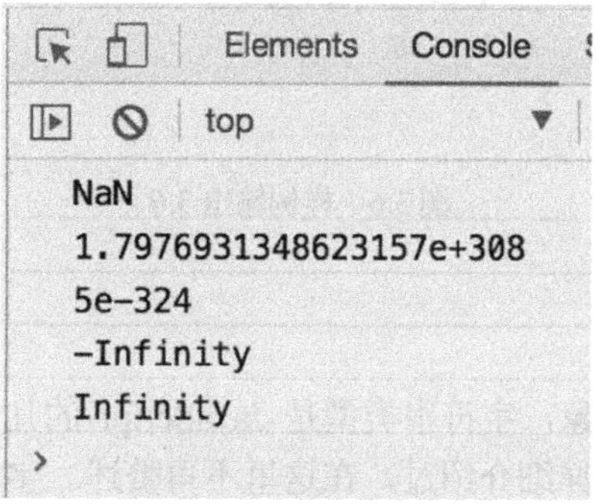

图 3.5　样例输出 3.5

数字对象的属性不能通过数字对象调用，否则会报错。数字对象还有很多内置的方法，其中比较常用的方法见表 3.3。

表 3.3　Number 对象的方法

方　法　名	功 能 描 述
toExponential()	将数字对象转换成字符串，用科学计数法表示
toFixed([n])	将数字对象转换成字符串，精确到小数点后 n 位，无参数时默认取整，用传统计数法的形式表示
toPrecision([n])	将数字对象转换成字符串，指定输出 n 位有效数字，表示方法视情况而定
toString([n])	将数字对象转换成 n 进制的字符串，无参数时默认十进制
valueOf()	以数字类型返回数字对象的值

其中需要注意的是 toPrecision([n])方法，它的作用是当小数点前后的位数之和小于等于 n 时，使用传统计数法，不足位数在小数点后补 0；当小数点前后的位数之和大于 n 时，使用科学计数法，保留 n 位有效数字；当参数 n 缺省时，使用传统计数法，保留所有位数。JavaScript 数字对象方法的具体用法如下：

```
var num = new Number(123.456);
console.log(num.toExponential());
console.log(num.toFixed(2));
console.log(num.toPrecision());
console.log(num.toPrecision(4));
console.log(num.toPrecision(10));
console.log(num.toString(16));
console.log(num.valueOf());
```

输出如图 3.6 所示。

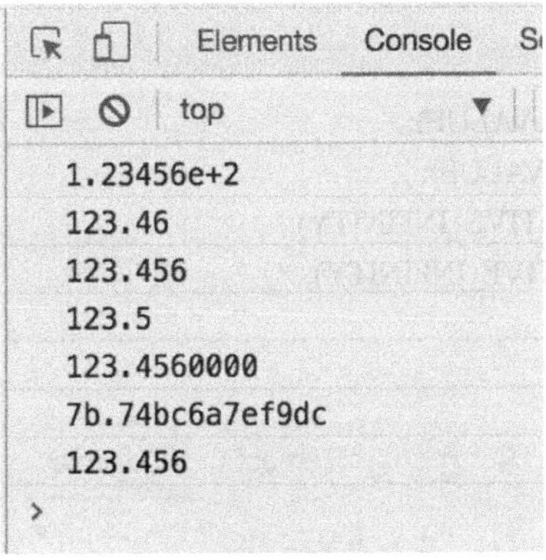

图 3.6　样例输出 3.6

3.3.2　String 对象

String 对象就是字符串对象，字符串类型是 JavaScript 的几大数据类型之一，其作为字符串类型的用法在 2.2.1 中已经详细介绍过，在这里不再赘述。字符串对象与字符串类型其实是不同的，本节将从对象的角度来深入分析字符串对象的属性和方法。

作为一个对象，字符串对象一定会有构造函数、属性和方法。对于构造函数来说，字符串对象的创建方法和其他对象相同，其构造函数有一个参数，是字符串对象的值，当参数为空时，字符串对象的值为空，创建字符串对象的具体写法如下：

```
var str1 = new String();
var str2 = new String("string");
console.log(str1);
console.log(str2);
```

输出如图 3.7 所示。

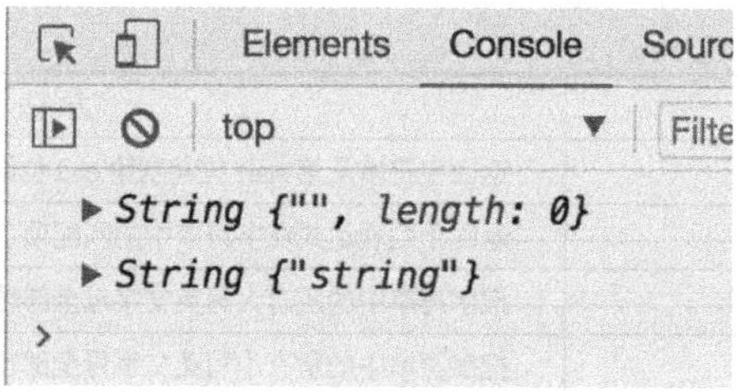

图 3.7　样例输出 3.7

从结果可以看到，字符串对象的输出结果和普通的字符串变量是有区别的，不只是以一个单纯的字符串的形式输出，而是以一个对象的形式输出。

对于字符串对象的属性来说，除了原型对象中都存在的 prototype 和 constructor 这两个和原型对象相关的属性外，字符串对象只有一个属性 length，length 属性的值是这个字符串对象的长度，即其中有多少个字符，具体用法如下：

```
var str1 = new String();
var str2 = new String("string");
console.log(str1.length);
console.log(str2.length);
```

输出如图 3.8 所示。

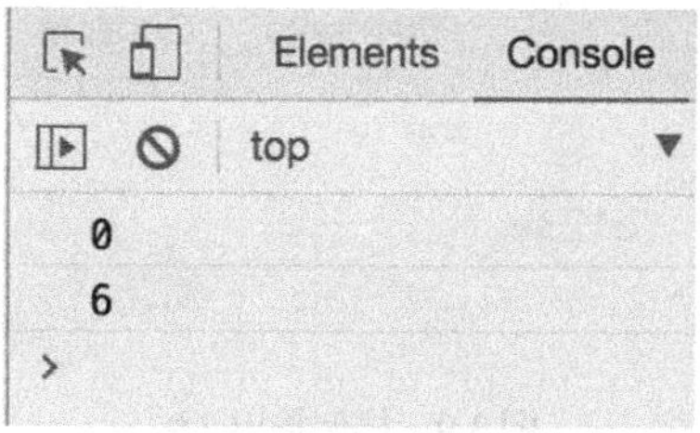

图 3.8　样例输出 3.8

从结果可以看到，对于 str1 来说，它是一个空字符串，字符串长度为 0，因此返回 0；而对于 str2 来说，它包含了 6 个字符，字符串长度为 6，因此返回 6。字符串对象还有很多内置的方法，其中比较常用的方法见表 3.4。

表 3.4　String 对象的常用方法

方 法 名	方 法 描 述
replace(regexp, replaceString)	将字符串中的 regexp 替换为 replaceString
indexOf(subString [, index])	返回 subString 在字符串中从第 index 位起第一次出现的位置
lastIndexOf(subString [, index])	返回 subString 在字符串中从第 index 位起最后一次出现的位置
search(regexp)	返回 regexp 字符串或者正则表达式在字符串中第一次出现的位置
charAt(index)	返回字符串的第 index 个字符
substring(start [, end])	返回字符串从第 start 位起到第 end 位结束的子串，start 和 erd 都必须是非负整数
substr(start, length)	返回字符串从第 start 位起长度为 length 的子串

（续）

方 法 名	方 法 描 述
slice(start [, end])	返回字符串从第 start 位起到第 end 位结束的子串，start 和 end 可以是负数
match(regexp)	返回正则表达式在字符串中的匹配项
toLowerCase( )	把字符串中的所有大写英文字母全部转换为小写
toUpperCase( )	把字符串中的所有小写英文字母全部转换为大写
concat(string1, string2,⋯,stringn)	返回按参数顺序连接后的字符串
charCodeAt(index)	返回字符串中第 index 个字符的 Unicode 编码
fromCharCode(code1, code2,⋯,coden)	返回一个各个字符的 Unicode 编码为（code1, code2, ⋯, coden）的字符串
split(regxp [, maxSize])	返回一个字符串数组，其元素是根据 regxp 将原字符串切割后得到的子串
valueOf()	以字符串形式返回字符串对象的值

对于 replace 方法，由于涉及正则表达式的部分，在后面的章节中将会详细介绍，这里只介绍 regxp 作为普通字符串类型的情况，具体代码如下：

```
var str = new String("abcde");
console.log(str.replace("bcd","123"));
```

输出如图 3.9 所示。

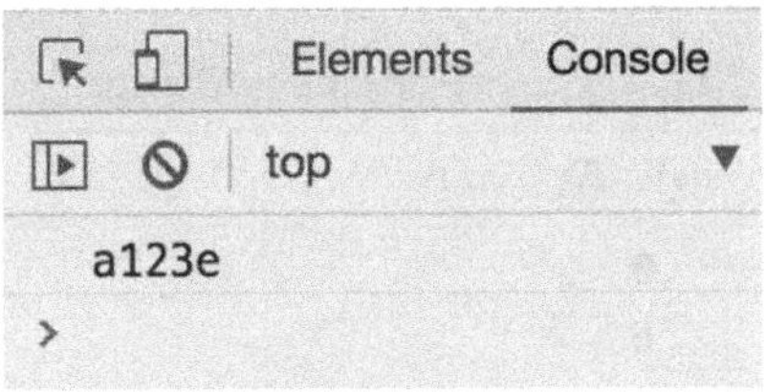

图 3.9　样例输出 3.9

从输出可以看到，字符串中的“bcd”被替换成了“123”。

indexOf、lastIndexOf 和 search 方法都是用来返回子串在字符串中的位置。其中 search 方法可以使用正则表达式来表示子串，涉及正则表达式的部分在后面的章节中会详细介绍，这里只介绍 regxp 作为普通字符串类型的情况。对于 indexOf 和 lastIndexOf 这两个方法，其中的 index 表示从字符串的第 index 位开始查找，当 index 缺省时表示从第 0 位开始查找，如果查找不到则返回-1。具体用法如下：

```
var str = new String("abcdefgabc");
console.log(str.search("cde"));
console.log(str.indexOf("bc"));
console.log(str.indexOf("de",1));
console.log(str.indexOf("de",5));
console.log(str.lastIndexOf("abc"));
```

输出如图 3.10 所示。

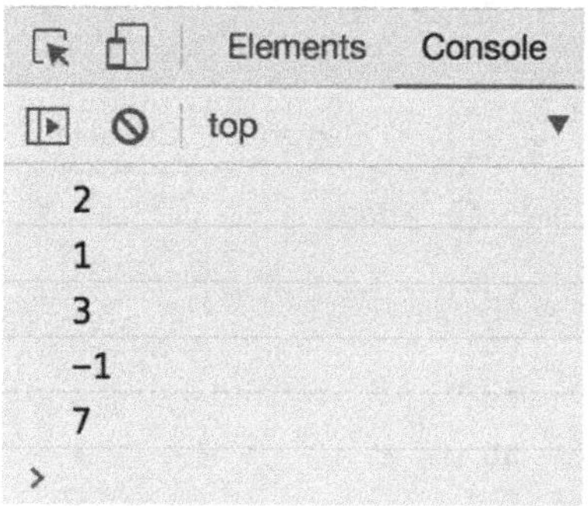

图 3.10 样例输出 3.10

对于 indexOf 方法，只会返回第一个查找到的位置，对后面的不予理会；而对于 lastIndexOf 方法只会返回最后一个查找到的位置，对于之前的查找则不予理会。参数的 index 大于字符串出现的位置时，则会因查找不到而返回-1。

对于 charAt 方法，会返回其第 index 位的字符，当 index 大于字符串的长度时，则返回一个空字符串，具体用法如下：

```
var str = new String("abc");
console.log(str.charAt(1));
console.log(str.charAt(4));
```

输出如图 3.11 所示。

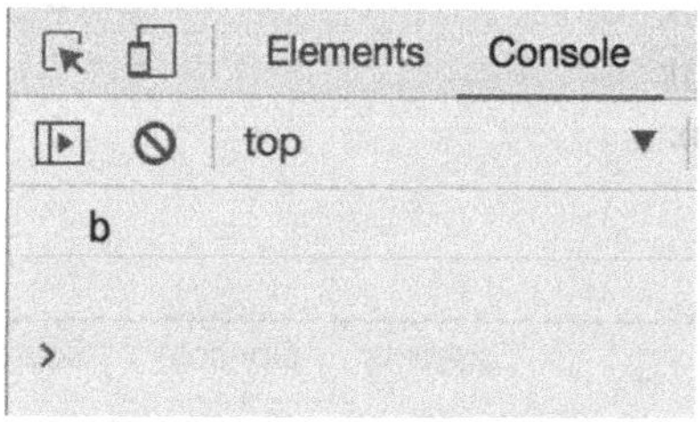

图 3.11 样例输出 3.11

从结果可以看到，当 index 等于 4 时，超过了 str 的长度，因此返回值为空字符串。

match、substring、substr 和 slice 这四种方法都可以用来返回字符串对象的子串。对于 match 方法来说，因为涉及正则表达式的部分，在后面的章节中会详细介绍其用法。

对于 substring 方法来说，其 end 参数可以省略，当 end 缺省或大于字符串长度时，则返回从第 start 位开始往后的所有字符组成的字符串。当 start 大于 end 时会自动将其位置互换，使 start 始终小于等于 end。而当 start 或 end 中有小于 0 的值时，会自动将其值设置为 0，具体写法如下：

```
var str = "abcdef";
console.log(str.substring(2));
console.log(str.substring(2,4));
console.log(str.substring(4,2));
console.log(str.substring(-1,2));
```

输出如图 3.12 所示。

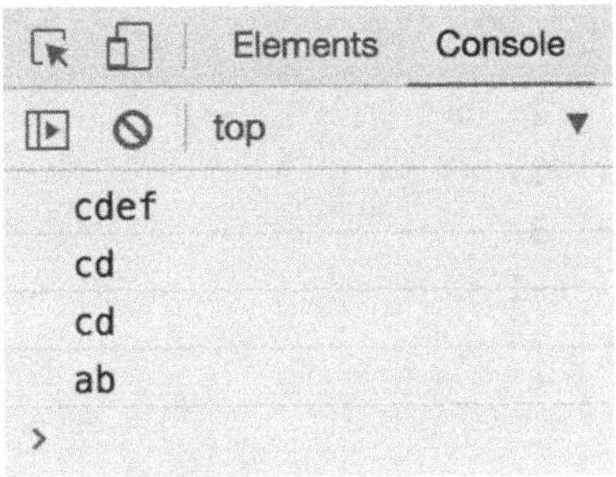

图 3.12　样例输出 3.12

而对于 substr 方法来说，当 start 小于 0 时，不同浏览器会对其采取不同的处理方式，有的浏览器会将其设置为 0，有的浏览器当遇到负数时会从后往前数 start 位，如-1 就是从最后一位开始，-n 就是从后往前数 n 位，对于本书采用的编译环境（Chrome 浏览器）来说，采取的是第二种处理方法。当 start 的值大于字符串长度或者 length 小于等于 0 时，返回空字符串。当子串起始位数加 length 的值大于字符串总长度时，返回从起始位到字符串结束的字符串，具体写法如下：

```
var str = new String("abcdefg");
console.log(str.substr(2, 2));
console.log(str.substr(-3, 2));
console.log(str.substr(10, 2));
console.log(str.substr(4, -1));
console.log(str.substr(4,10));
```

输出如图 3.13 所示。

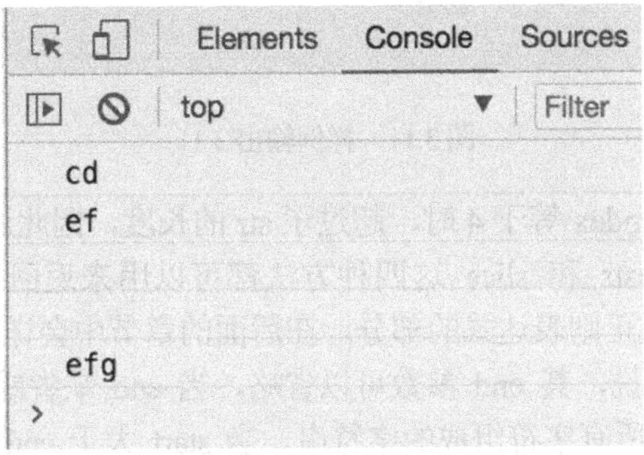

图 3.13　样例输出 3.13

对于 slice 方法，其功能与 substring 方法类似，但在细节上又有所区别。在 slice 方法中，当 start 和 end 为负数时，将从字符串的最后一个字符开始从后往前计数，如 -1 就是最后一位。而当，start 小于 end 时，slice 会返回空字符串，具体写法如下：

```
var str = new String("abcdefg");
console.log(str.slice(1,3));
```

```
console.log(str.slice(-3,-1));
console.log(str.slice(3,1));
console.log(str.slice(-1,-3));
console.log(str.slice(0,10));
```

输出如图 3.14 所示。

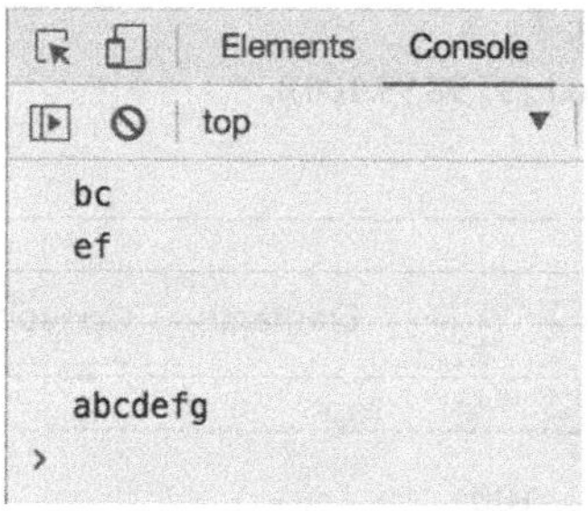

图 3.14　样例输出 3.14

对于 toUpperCase 和 toLowerCase 这两个方法，其作用分别是将字符串中的所有英文字母都转换为大写字母或小写字母，具体用法如下：

```
var str = new String("aBcDeFg");
console.log(str.toUpperCase());
console.log(str.toLowerCase());
```

输出如图 3.15 所示。

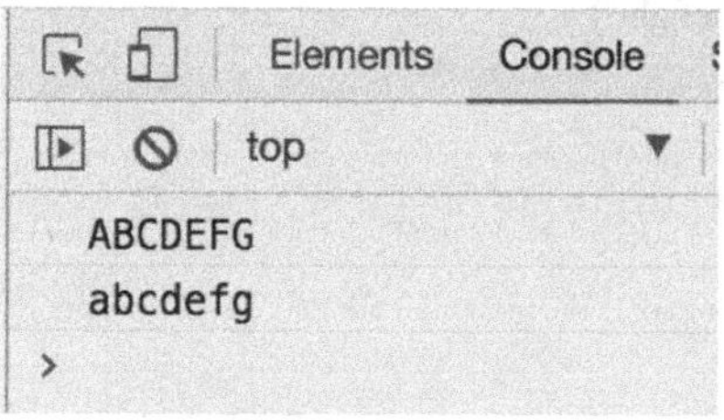

图 3.15　样例输出 3.15

concat 方法能够返回字符串对象本身的值和参数中的字符串按顺序连接后的长字符串结果，它的参数可以有多个，例如：

```
var str = new String("abcdef");
console.log(str.concat("gh", "ijk", "lmn"));
```

输出如图 3.16 所示。

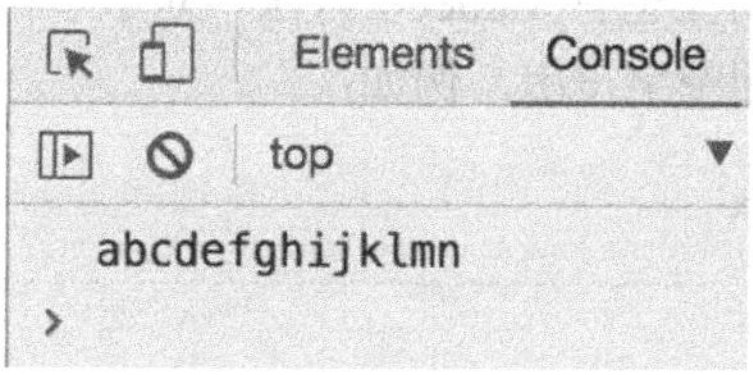

图 3.16　样例输出 3.16

charCodeAt 方法和 fromCharCode 方法的作用是进行字符串和 Unicode 之间的转换，charCodeAt 方法是把特定位置的字符转化为 Unicode 编码，而 fromCharCode 方法则是利用 Unicode 生成字符串。fromCharCode 是通过 String 构造函数进行调用，而不能通过具体的字符串对象进行调用，具体用法如下：

```
var str = new String("abcde");
console.log(str.charCodeAt(3));
console.log(String.fromCharCode(97,98,99,100));
```

输出如图 3.17 所示。

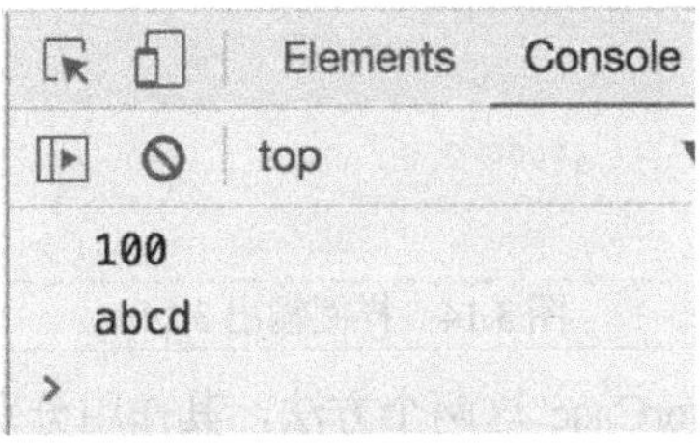

图 3.17　样例输出 3.17

split 方法是用来分割字符串的方法，字符串在遇到 regxp 参数时会进行自动分割，regxp 可以是字符串也可以是正则表达式，这里不讨论当 regxp 是正则表达式时的情况。而 maxSize 参数则是作为限定，用来限定分割后字符串数组的最大长度，如果达到最大值则后面的字符串不予分割，当 maxSize 参数默认时，字符串数组长度无上限，具体写法如下：

```
var str = new String("abc,def,ghi");
console.log(str.split('de'));
console.log(str.split(','));
console.log(str.split(',', 2));
```

输出如图 3.18 所示。

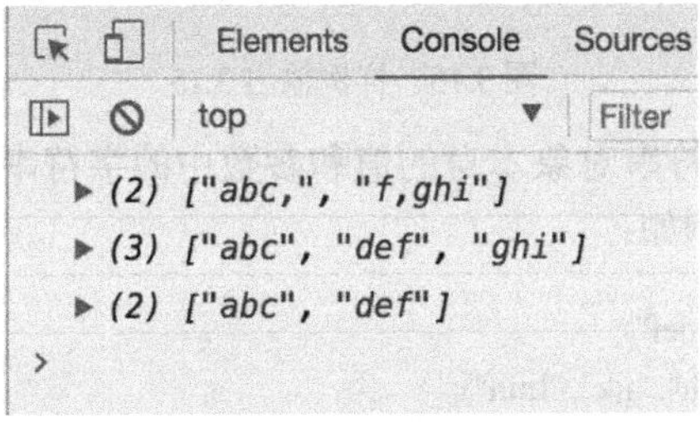

图 3.18　样例输出 3.18

和数字对象类似，字符串对象也有 valueOf 方法。对于字符串对象来说，就是返回其字符串的值，当字符串为空时，返回空字符串，例如：

```
var str1 = new String("abc");
var str2 = new String();
console.log(str1.valueOf());
console.log(str2.valueOf());
```

输出如图 3.19 所示。

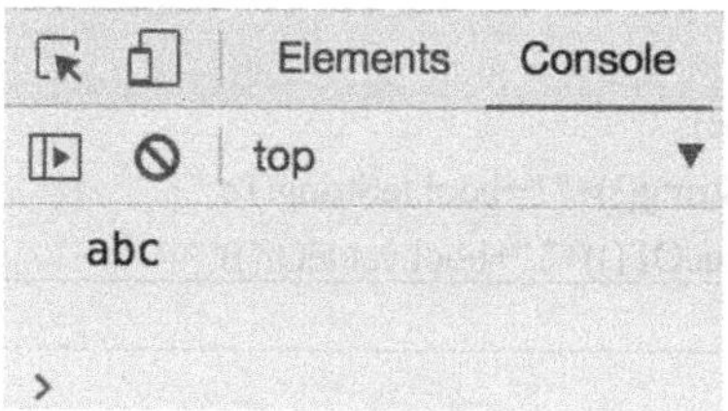

图 3.19　样例输出 3.19

实际上，字符串对象中还内置了许多为字符串添加样式的方法，比如修改颜色、字号等，相当于为该字符串添加了 HTML 文件中的标签类型和 CSS 样式，在这里不做过多介绍。表 3.5 列出了几种修改字符串样式的方法供读者参考。

表 3.5　修改字符串对象样式的方法

方 法 名	作 用 描 述	相当于 HTML 代码
anchor(aName)	为字符串添加锚	<a name = "aName">字符串内容</a>
big()	使字符串字体变大	<big>字符串内容</big>
small()	使字符串字体变小	<small>字符串内容</small>
bold()	使字符串字体加粗	<b>字符串内容</b>
italics()	使字符串文字倾斜	<i>字符串内容</i>
fontcolor(color)	使字符串字体颜色为 color	<font color="color">字符串内容</font>
fontsize(size)	改变字符串字体大小为 size	<font size="size">字符串内容</font>
link(href)	为字符串设置超链接	<a href="href">字符串内容</a>

3.3.3　Boolean 对象

Boolean 对象就是布尔对象，布尔类型是 JavaScript 的几大数据类型之一，其作为数据类型的用法在 2.2.3 节中已经详细介绍过，在这里不再赘述。布尔对象与布尔类型在本质上其实是不同的，布尔对象的构造函数和其他对象相同，当参数缺省时其布尔值默认为 false，具体写法如下：

```
var bool1 = new Boolean(true);
var bool2 = new Boolean();
console.log(bool1);
console.log(bool2);
```

输出如图 3.20 所示。

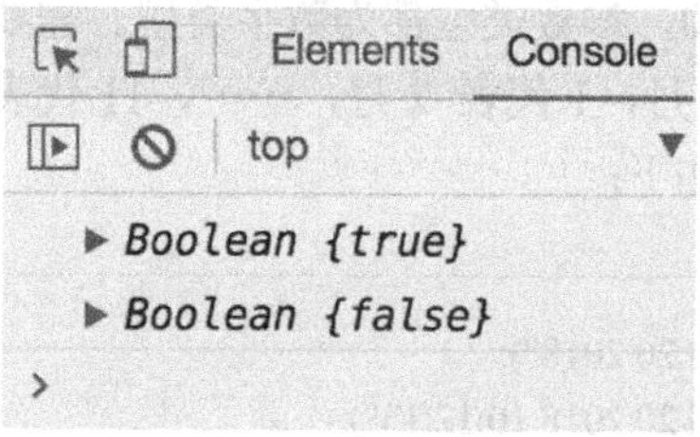

图 3.20　样例输出 3.20

布尔对象有两种方法，toString()方法和 valueOf()方法分别是以字符串类型输出布尔值和直接输出布尔值，具体用法如下：

```
var bool = new Boolean(true);
console.log(typeof(bool.toString())+" "+bool.toString());
console.log(typeof(bool.valueOf ())+" "+bool.valueOf());
```

输出如图 3.21 所示。

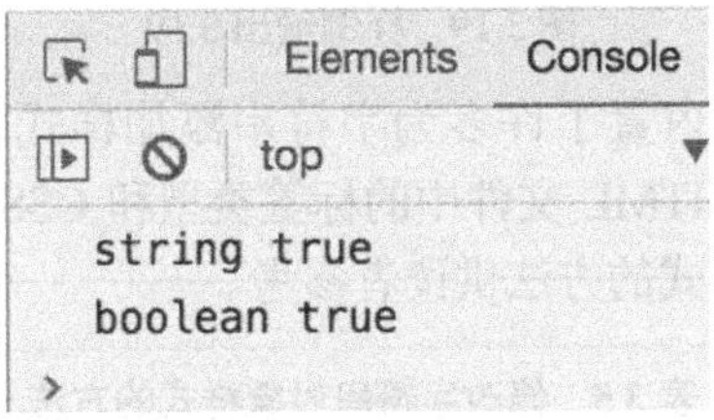

图 3.21　样例输出 3.21

从输出可以看到，虽然二者的输出结果都为 true，但是其值的类型却是不同的，toString()为字符串类型，而 valueOf()为布尔类型。

3.3.4　Date 对象

Date 对象就是日期对象，用来表示日期。因为在 JavaScript 中没有日期这个数据类型，所以在使用的时候只能通过 Date 对象的构造函数来创建。根据构造函数参数的不同，在创建日期对象时分为以下四种情况：

```
new Date();
new Date(dateString);
new Date(milliseconds);
new Date(year, month, day [, hours, minutes, seconds, milliseconds]);
```

当参数为空时，会创建一个包含当前系统日期数据的日期对象。

当参数为日期字符串时，会创建一个日期和时间为日期字符串中数据的日期对象，日期字符串的格式必须为“月 日 年 [时:分:秒]”，其中时间可以省略，省略后默认为 0，月份必须用英文的简写形式表示，其他数据为数字。

当参数为 milliseconds（毫秒）时，会返回一个距“1970 年 1 月 1 日 0 时 0 分 0 秒” milliseconds 毫秒的日期对象。

当参数为多个时，会创建一个包含参数中年、月、日和时间数据的日期对象，其中时间参数可以省略，省略后默认为 0，参数类型都为数字类型。需要注意的是，其中代表月份的数字是从 0 开始计数的，0 代表 1 月，1 代表 2 月，……，11 代表 12 月。

创建日期对象的具体写法如下：

```
var date1 = new Date();
var date2 = new Date("April 20 2018");
var date3 = new Date("April 20 2018 10:12:13");
var date4 = new Date(6000);
```

```
var date5 = new Date(2018, 4, 20);
var date6 = new Date(2018, 4, 20, 10, 11, 12);
console.log(date1);
console.log(date2);
console.log(date3);
console.log(date4);
console.log(date5);
console.log(date6);
```

输出如图 3.22 所示。

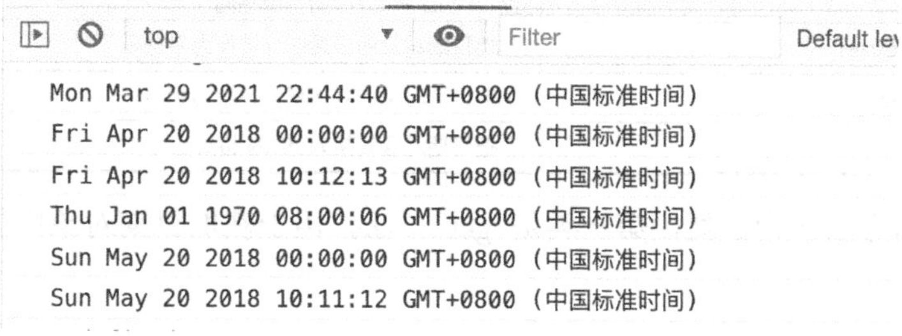

图 3.22　样例输出 3.22

date1 创建的是当前系统时间；date2 是创建了一个缺省时间参数的日期，其时间默认为 0 时 0 分 0 秒；date3 是根据一个确切的格式化时间创建的时间日期；date4 是在 1970 年 1 月 1 日 0 时 0 分 0 秒之后 6000 毫秒的时间日期；date5 和 date6 的月份数字虽然为 4，但是因为月份从 0 开始计数，因此显示出 5 月。

对于日期对象来说没有特定的属性，但是却有很多方法，表 3.6 列出了日期对象的常用方法。

表 3.6　日期对象的常用方法

方　法　名	方 法 描 述
get[UTC]Date()	获取日期对象中日期的天数，其中如果方法名中间有 UTC，则使用 UTC 时间，没有 UTC 则使用本地时间，其余 get 方法和 set 方法同理
get[UTC]Day()	获取日期对象中的日期是星期几
get[UTC]Month()	获取日期对象中的月份数
get[UTC]FullYear()	获取日期对象的年数
get[UTC]Hours()	获取日期对象的小时数
get[UTC]Minutes()	获取日期对象的分钟数
get[UTC]Seconds()	获取日期对象的秒数
get[UTC]Milliseconds()	获取日期对象的毫秒数
getTime()	获取日期对象本地时间与 1970 年 1 月 1 日 0 时 0 分 0 秒间的毫秒数
getTimezoneOffset()	获取本地时间与格林威治标准时间（GMT）的分钟差
set[UTC]Date(day)	设置日期对象的天数
set[UTC]Month(month [, day])	设置日期对象的月份数
set[UTC]FullYear(year [, month, day])	设置日期对象的年份数
set[UTC]Hours(hours [, minutes, seconds, milliseconds])	设置日期对象的小时数

（续）

方 法 名	方 法 描 述
set[UTC]Minutes(minutes [,seconds, milliseconds])	设置日期对象的分钟数
set[UTC]Seconds(seconds [, milliseconds])	设置日期对象的秒数
set[UTC]Milliseconds(milliseconds)	设置日期对象的毫秒数
setTime(milliseconds)	通过设置与 1970 年 1 月 1 日 0 时 0 分 0 秒的毫秒数差来设置日期对象的日期
to[Local/UTC]String()	把日期对象转换为字符串类型，如果方法名中间是 Local 则用本地时间转换，如果是 UTC 则用 UTC 时间转换。对于通过 new Date()创建的时间对象，toString()转换的 UTC 时间与本地时间有时区的差异；而如果日期对象经历过日期的设置，则返回设置的时间。对于其他同类型函数，Local 和 UTC 的作用相同
to[Local/UTC]DateString()	把日期对象的日期部分转换为字符串
to[Local/UTC]TimeString()	把日期对象的时间部分转换为字符串
toJSON()	把日期对象转换为 JSON 格式

日期对象的方法分为三类，第一类是 get 方法，用于获取日期对象中的信息，具体用法如下：

```
var date = new Date();
console.log(date.getHours());
console.log(date.getUTCHours());
console.log(date.getFullYear()+"年"+date.getMonth()+"月"+date.getDate()+"日");
console.log("周"+date.getDay()+" "+date.getHours()+":"+date.getMinutes());
```

输出如图 3.23 所示。

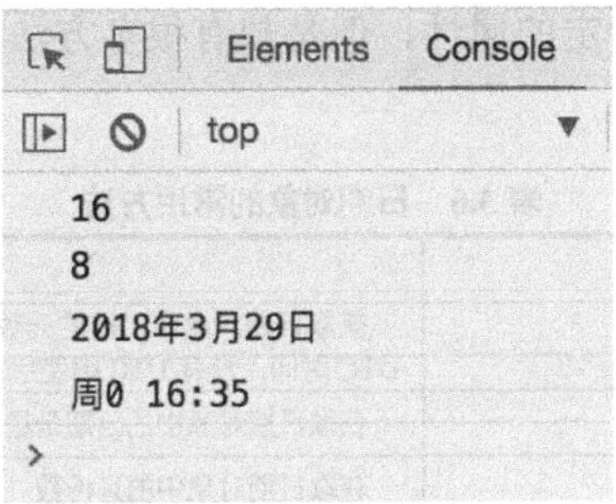

图 3.23　样例输出 3.23

从输出可以看到，本地时间和 UTC 时间是不同的，会有时区的差异，而其中 getDay()函数的返回值为 0，实际上表示的是周日。其他的 get 方法同理。

第二类方法是 set 方法，用于设置日期对象中的信息，具体用法如下：

```
var date = new Date(1000);
date.setFullYear(2018);
date.setMonth(3);
date.setDate(10);
date.setHours(12);
date.setMinutes(33);
```

```
console.log(date);
```

输出如图 3.24 所示。

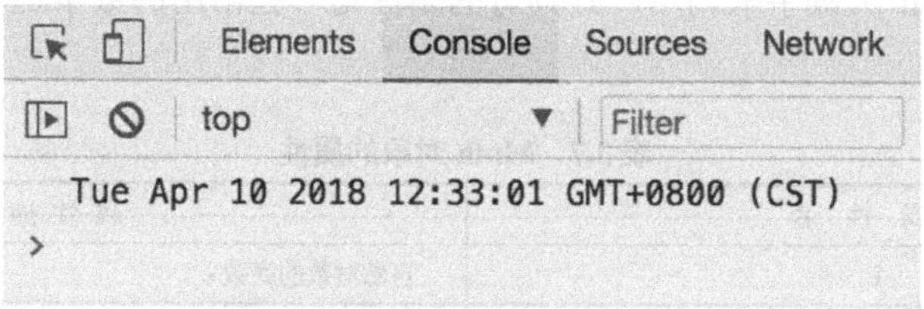

图 3.24 样例输出 3.24

第三类方法是将日期对象转换为其他类型，例如字符串类型和 JSON 类型，具体代码如下：

```
new date = new Date();
console.log(date.toString());
console.log(date.toDateString()+" "+date.toTimeString());
console.log(date.toJSON());
```

输出如图 3.25 所示。

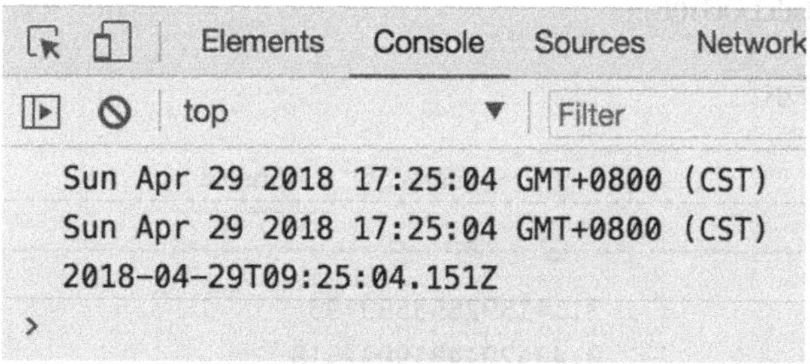

图 3.25 样例输出 3.25

除了这些方法，Date 对象还提供了日期相减的运算，返回两个日期之间相差的毫秒数，具体代码如下：

```
var date1 = new Date();
var date2 = new Date(1000);
console.log(date1 - date2); // Date 对象之间可以相减
```

输出如图 3.26 所示。

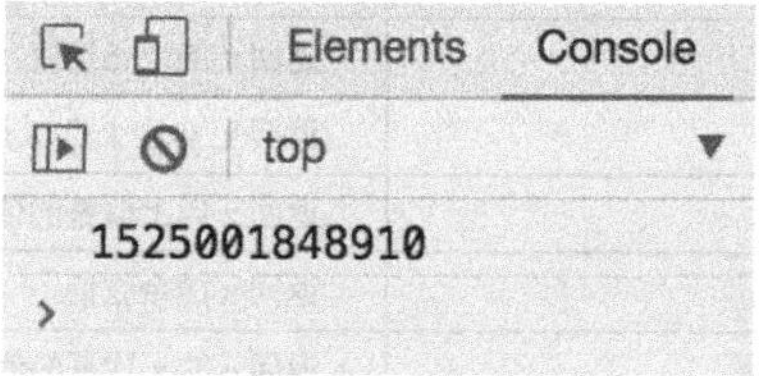

图 3.26 样例输出 3.26

3.3.5 Math 对象

Math 对象是 JavaScript 内置的集成了很多数学运算的对象，但是 Math 对象是没有构造函数的，只能通过 Math 关键字来调用。其具有的属性是一些常用的数学运算中的无限不循环小数值，见表 3.7。

表 3.7 Math 对象的属性

属 性 名	属 性 描 述
E	自然对数的底数 e
PI	π
LN2	2 的自然对数
LN10	10 的自然对数
LOG2E	以 2 为底 e 的对数
LOG10E	以 10 为底 e 的对数
SQRT2	2 的平方根
SQRT1_2	2 的平方根的倒数

这些属性都只能通过 Math 对象来调用，例如：

```
console.log(Math.PI);
console.log(Math.LOG10E);
```

输出如图 3.27 所示。

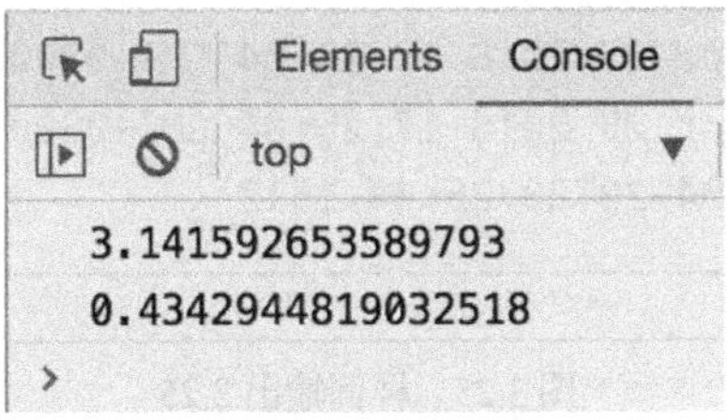

图 3.27 样例输出 3.27

Math 对象的方法提供了很多复杂的数学运算，一些常用方法见表 3.8。

表 3.8 Math 对象的方法

方 法 名	方 法 描 述
abs(x)	返回 x 的绝对值
acos(x)	返回 x 的反余弦值
asin(x)	返回 x 的反正弦值
atan(x)	返回 x 的反正切值，返回值在-π～π之间
atan2(y,x)	返回(x, y)这个点与 x 轴的夹角，返回值在-π～π之间
ceil(x)	返回 x 向上取整的值
cos(x)	返回 x 的余弦值
exp(x)	返回 e 的 x 次幂的值
floor(x)	返回 x 向下取整的值

（续）

方 法 名	方 法 描 述
log(x)	返回 x 的自然对数
max(x1, x2,…,xn)	返回 x1～xn 的最大值
min(x1, x2,…,xn)	返回 x1～xn 的最小值
pow(x, y)	返回 x 的 y 次幂
random()	返回一个 0～1 之间的随机数
sin(x)	返回 x 的正弦值
sqrt(x)	返回 x 的平方根
tan(x)	返回 x 的正切值

这些方法也只能通过 Math 对象来调用，例如：

```
console.log(Math.pow(2,2));
console.log(random());
console.log(ceil(2.2));
```

输出如图 3.28 所示。

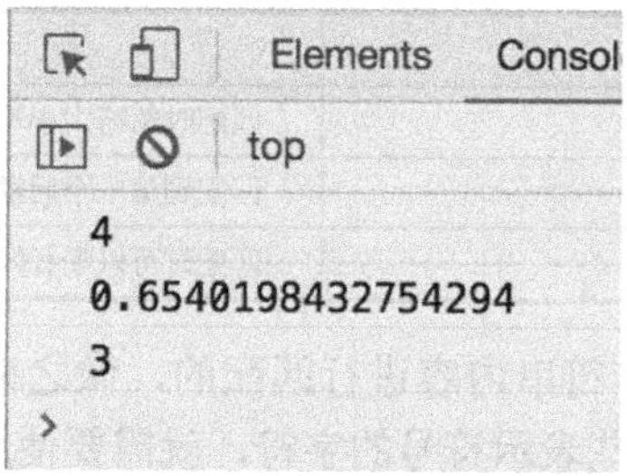

图 3.28　样例输出 3.28

3.3.6　RegExp 对象

RegExp 对象是正则表达式对象，正则表达式对象是用来描述字符串模式的对象。正则表达式描述了一种字符串的匹配方式，因此正则表达式是与字符串相关联的。我们在 3.3.2 节中提到的字符串对象的四种方法 search、match、replace 和 split 都会用到正则表达式，而正则表达式对象中也有很多方法是用字符串来作为参数，所以正则表达式一般用于在字符串中进行检索和替换。

正则表达式是一个由字符序列形成的搜索模式，简单来说就是一种特殊的字符串，其表示方法为

```
/正则表达式语句/[修饰符]
```

其中修饰符是可以省略的，正则表达式语句夹在两个“/”之间，具体写法如下：

```
var reg = /abc/i;
```

其中，abc 是正则表达式语句，而 i 作为修饰符是可以省略的。当这个正则表达式用于字

符串匹配时，有：

```
var str = "ajqcnjAbc123";
console.log(str.match(/abc/i));
```

输出会如图 3.29 所示。

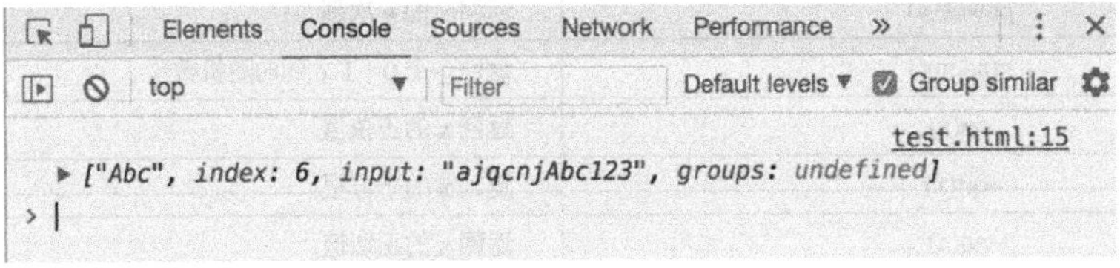

图 3.29　样例输出 3.29

以上结果返回了匹配的“Abc”字符串，而这个正则表达式的匹配方式是，匹配“abc”字符串，这三个字母无论大写还是小写都可以。其中 abc 代表匹配字符串“abc”，而忽略大小写则是由修饰符 i 决定的，如果这个正则表达式把修饰符省略变成“/abc/”，则就只能匹配“abc”这个字符串，当字母出现大写时就不能匹配到。正则表达式的修饰符一共有 3 个，具体功能见表 3.9。

表 3.9　正则表达式修饰符的功能

修　饰　符	功 能 说 明
i	匹配时忽略大小写
g	匹配到第一个后继续匹配，直到匹配完所有项
m	匹配时可以多行匹配

正则表达式语句是用来对字符串内容进行匹配的，像之前使用的“/abc/”就是用来匹配“abc”这个字符串的，而对于一些表示符号的字符，就需要使用在 2..2.1 节中讲到的转义符，否则将会因为符号冲突而不能完成匹配。例如，如果要匹配“abc/”这个字符串，因为“/”代表正则表达式的开始和结束符号，此时就需要在“/”前添加转义符“\”，具体写法如下：

```
var str = "123abc/456";
console.log(str.replace(/abc\//, "888"));
```

输出如图 3.30 所示。

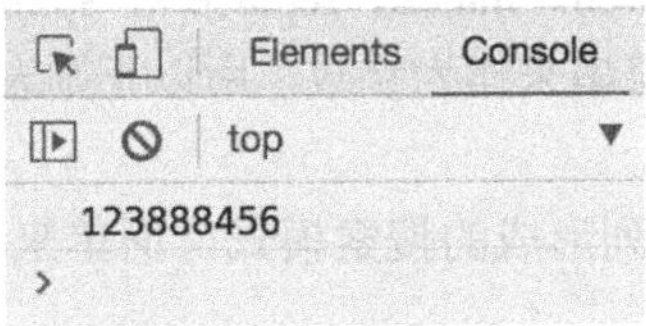

图 3.30　样例输出 3.30

从输出可以看到，str 通过正则表达式把“abc/”替换成了“888”，并且没有受到“/”的影响。

当需要匹配某一类字符时，比如需要匹配到字符串中的所有大写字母时，用单纯的字符匹配就不能达到要求，这时就需要用字符类来进行匹配。所谓字符类就是代表了一类字符，用中括号“[]”表示，例如[abc]就表示遇到 a、b 和 c 三个字母中任意一个字母都可以匹配。

符号“-”则表示省略“-”前的字符和“-”后的字符之间的字符，例如[a-z]就代表可以匹配 a 到 z 之间的任何小写字母。“-”可以省略字母字符和数字字符之间的字符，例如：

```
var str = "qweabc6789";
console.log(str.replace(/[a-c6-9]/g, "1"));
```

输出如图 3.31 所示。

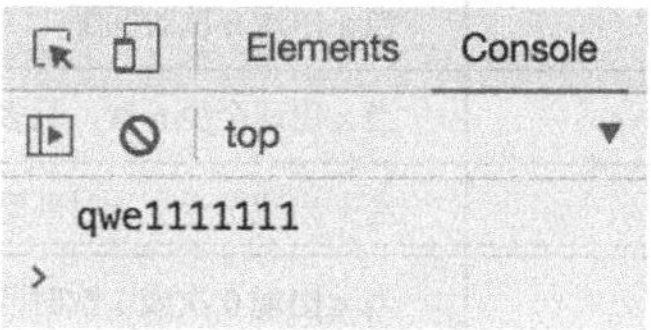

图 3.31　样例输出 3.31

以上代码中的正则表达式是匹配 a～c 之间的任意字符或者 6～9 之间的任意数字，修饰符 g 表示匹配到后继续匹配，原有字符串中所有符合这个匹配规则的字符都被替换成 1。

除了用这种方式来表示字符类之外，JavaScript 还提供了一些内置的元字符来表示字符类，表 3.10 列出了常用的正则表达式中的元字符。

表 3.10　常用正则表达式的元字符

元　字　符	匹 配 内 容
^	非字符集，匹配除了中括号中的字符的任何字符
.	匹配除换行符和终止符外的任何字符
\w	匹配任何单词字符，相当于[a-zA-Z0-9]
\W	匹配任何非单词字符，相当于[^a-zA-Z0-9]
\s	匹配所有空白符
\S	匹配所有非空白符
\d	匹配所有数字字符
\D	匹配所有非数字字符

当需要匹配某一类字符时，使用字符类就可以解决；当需要匹配某一类字符串时，就需要使用选择符“|”和量词来表示。

选择符用于在几个字符串间选择，例如“/abc|def/”就表示匹配字符串“abc”或者字符串“def”，具体代码如下：

```
var str = "abc11111def";
console.log(str.replace(/abc|def/, "8"));
```

输出如图 3.32 所示。

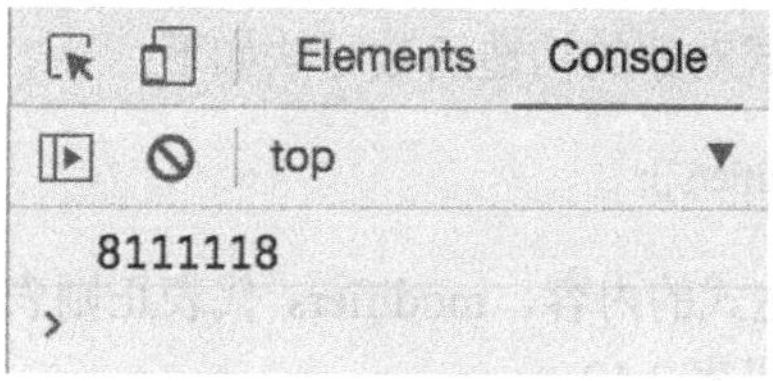

图 3.32　样例输出 3.32

通过结果可以看到，这个正则表达式能够匹配到所有字符串“abc”或者字符串“def”。

而对于具有一定特点但内容不固定的字符串，就需要使用量词对其进行表示，表 3.11 列出了正则表达式的量词。

表 3.11　正则表达式的量词

量　词	功 能 描 述
x{n}	当 x 出现 n 次时匹配
x{n, m}	当 x 出现至少 n 次，最多 m 次时匹配
x{n, }	当 x 出现至少 n 次时匹配
x?	当 x 出现 0 次或 1 次时匹配，相当于 x{0, 1}
x+	当 x 出现至少 1 次时匹配，相当于 x{1, }
x*	当 x 出现 0 次或多次时匹配，相当于 x{0,}
^x	当字符串以 x 开头时匹配
x$	当字符串以 x 结尾时匹配
?=x	当字符串后紧跟 x 时匹配
?!x	当字符串后紧跟非 x 时匹配

通过在正则表达式中加入量词可以达到匹配一类字符串的目的，具体代码如下：

```
var str = "abcdeffffghijkl";
console.log(str.replace(/ff*/, "1"));
console.log(str.replace(/f{1,3}/,"1"));
```

输出如图 3.33 所示。

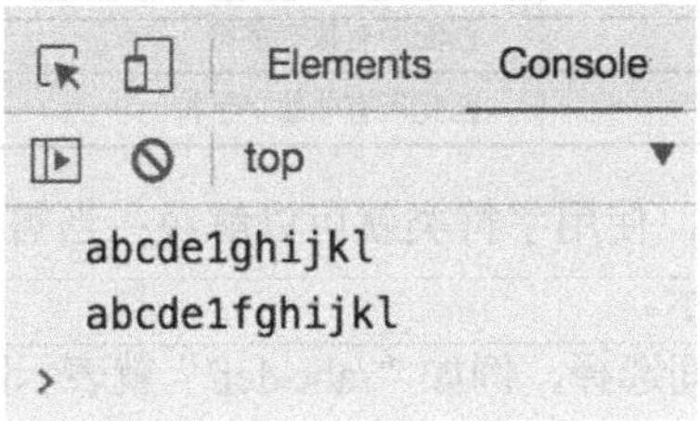

图 3.33　样例输出 3.33

从输出可以看到，第一个表达式将字符串中连续的 f 整体替换为 1，而第二个表达式因为最多只能匹配 3 个 f，因此最后一个 f 没有被匹配到。

以上是正则表达式的用法和作用，而对于正则表达式对象，在以上功能的基础上还具有对象的属性和方法，正则表达式对象的构造函数写法如下：

```
new RegExp(pattern [,modifiers]);
```

其中 pattern 代表正则表达式的内容，modifiers 代表正则表达式的修饰符。正则表达式对象提供了三种方法可供调用，见表 3.12。

表 3.12　正则表达式对象的方法

方 法 名	方 法 描 述
exec(string)	返回对字符串 string 进行正则匹配后的结果
test(string)	返回对字符串 string 进行正则匹配是否成功
toString()	以字符串形式返回正则表达式内容

exec 和 test 都是对字符串参数进行正则匹配，exec 方法返回的是匹配结果，当匹配不到时返回 false；而 test 返回的是表示是否匹配到内容的一个布尔值。正则表达式方法的具体用法如下：

```
var str = "123abc678";
var reg = new RegExp("abc", "ig");
console.log(reg.exec(str));
console.log(reg.test("000"));
console.log(reg.test(str));
console.log(reg.test("000"));
console.log(reg.toString());
```

输出如图 3.34 所示。

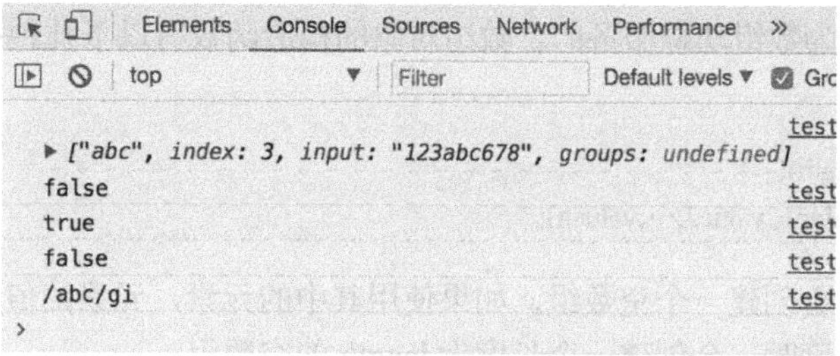

图 3.34　样例输出 3.34

正则表达式对象的属性见表 3.13。

表 3.13　正则表达式对象属性

属 性 名	属 性 描 述
global	判断是否设置了修饰符 g
ignoreCase	判断是否设置了修饰符 i
multiline	判断是否设置了修饰符 m
lastIndex	下次匹配的开始位置
source	正则表达式的内容

前三个属性都是返回正则表达式对象中是否含有三种修饰符，如果含有修饰符则返回 true，没有则返回 false；source 属性会返回正则表达式的内容；而 lastIndex 属性只能用于含有修饰符 g 的正则表达式，返回执行匹配后下一次匹配的开始位置，实际上就是上次匹配到的字符串最后一个字符的位置加 1，例如：

```
var reg = new RegExp("abc", "ig");
console.log(reg.multiline+" "+reg.ignoreCase);
console.log(reg.source);
var str = "123abc789";
```

```
console.log(str.replace(reg, "abc"));
console.log(reg.exec(str).toString());
console.log(reg.lastIndex);
```

输出如图 3.35 所示。

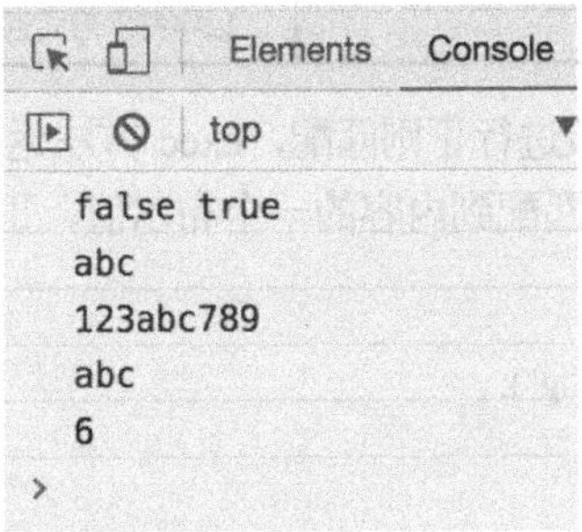

图 3.35　样例输出 3.35

3.3.7　数组对象

数组对象是一种比较特殊的对象，作为数组它本身就具有数组的功能，而其作为对象的属性和方法都是用来为数组功能服务的。数组对象的构造函数有以下几种：

```
new Array();
new Array(length);
new Arrary(value1, value2,⋯,valuen);
```

当参数为空时，会创建一个空数组，如果使用其中的元素，元素的值都为 undefined；

当参数为数组长度时，会创建一个长度为 length 的空数组；

当参数超过一个时，会创建一个与参数数目长度相同的数组，数组项依次为传入的参数。

具体用法如下：

```
var arr1 = new Array();
var arr2 = new Array(3);
var arr3 = new Array("hello", 2, "world!", true);
console.log(arr1);
console.log(arr2);
console.log(arr3);
```

输出如图 3.36 所示。

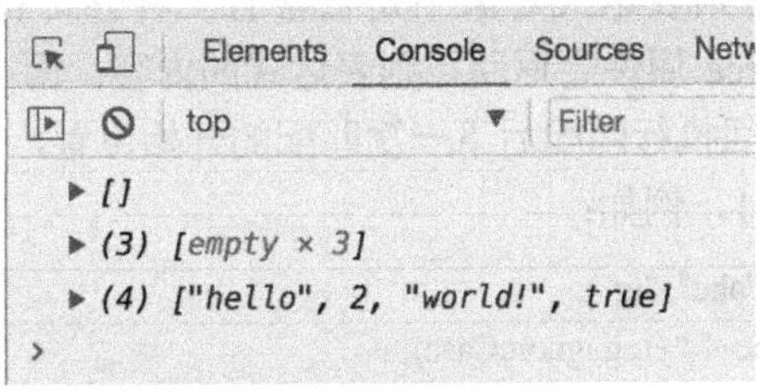

图 3.36　样例输出 3.36

在 2.2.4 节中介绍过，数组中的元素可以通过数组的下标来访问，例如 arr[3]代表数组名为 arr 的数组的第 4 个元素。当元素存在时就会返回该元素的值，如果元素不存在则会返回 undefined。其中，元素可以是任何类型，包括各种类型的对象和数组，当元素是数组时就可以产生多维数组的效果，例如：

```
var arr = new Array(3);
for (var i = 0; i < 3; i++) {
    arr[i] = new Array(1,2,3);
}

console.log(arr); // 输出数组
console.log(arr[1]); // 输出第 2 行的元素
console.log(arr[1][1]); // 输出第 2 行第 2 列的元素
```

输出如图 3.37 所示。

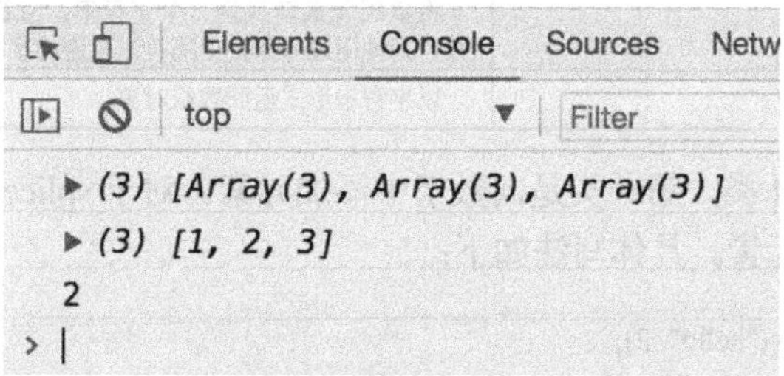

图 3.37　样例输出 3.37

数组对象可以通过下标来获取或者设置元素。当数组元素的类型还是数组时，就可以通过两个下标来访问内部数组的元素。

数组对象的自有属性只有一个 length，用来表示数组的长度，例如：

```
var arr = new Array(1,2,3);
console.log(arr.length);
arr[3] = 10;
console.log(arr.length);
```

输出如图 3.38 所示。

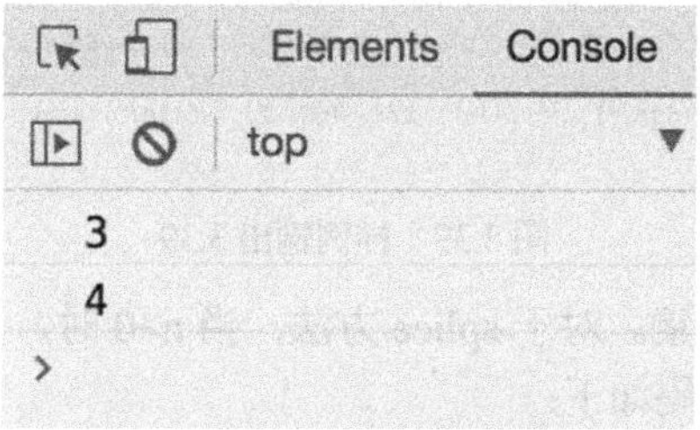

图 3.38　样例输出 3.38

length 属性的数值会跟随数组对象的长度变化而改变。

数组对象提供了很多对数组进行操作的方法，表 3.14 列出了数组对象的常用方法。

表 3.14　数组对象的常用方法

方 法 名	方 法 描 述
concat(arr1, arr2,…,arrn)	将数组对象按参数顺序拼接
push(value1, value2,…,valuen)	向数组的末尾添加一个或多个值为参数的元素
unshift(value1, value2,…,valuen)	向数组的开头添加一个或多个值为参数的元素
splice(index, n [, value1, value2,…,valuen])	在数组的第 index 位删除 n 个元素并添加 0 个或多个值为参数的元素，最后返回被删除的元素
pop()	删除并返回数组最后一个元素
shift()	删除并返回数组第一个元素
sort([function])	根据 function 函数对数组中元素进行排序，缺省时按照 Unicode 顺序进行排序
reverse()	将数组中元素的顺序颠倒
slice(start [, end])	返回数组下标从 start 到 end 之间的所有元素，当 end 缺省时返回到最后一个元素
join(tag)	将数组元素转换为一个字符串，且彼此之间用 tag（如果省略该参数，则使用逗号作为分隔符）相连的字符串
toString()	以字符串形式返回数组对象

这些方法可以分为 4 类，第一类是向数组中添加元素。对于 splice 方法，当 n=0 且元素参数不缺省时，就是添加元素。具体写法如下：

```
var arr = new Array("hello", 2);
arr = arr.concat(["world!", true]);
console.log(arr);
arr.push("push");
console.log(arr);
arr.unshift("un","shift");
console.log(arr);
arr.splice(3, 0, 123, 456);
console.log(arr);
```

输出如图 3.39 所示。

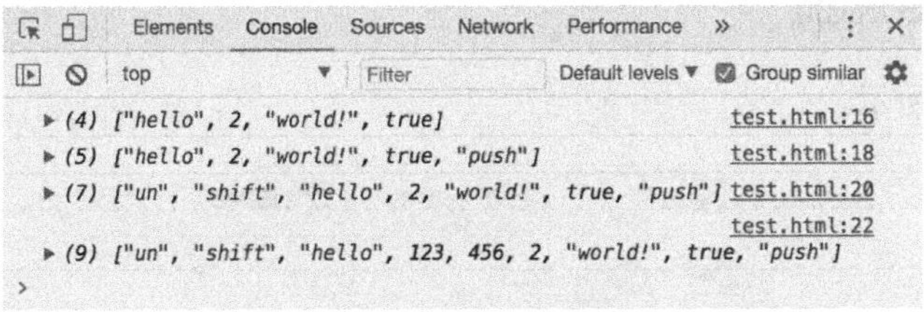

图 3.39　样例输出 3.39

第二类是从数组中删除元素。对于 splice 方法，当 n>0 时，无论是否添加新的元素都需要先在数组中删除元素，具体代码如下：

```
var arr = new Array("hello", 2, "world!", true, 123, 456);
console.log(arr.pop());
console.log(arr);
```

```
console.log(arr.shift());
console.log(arr);
console.log(arr.splice(1,2, "splice"));
console.log(arr);
```

输出如图 3.40 所示。

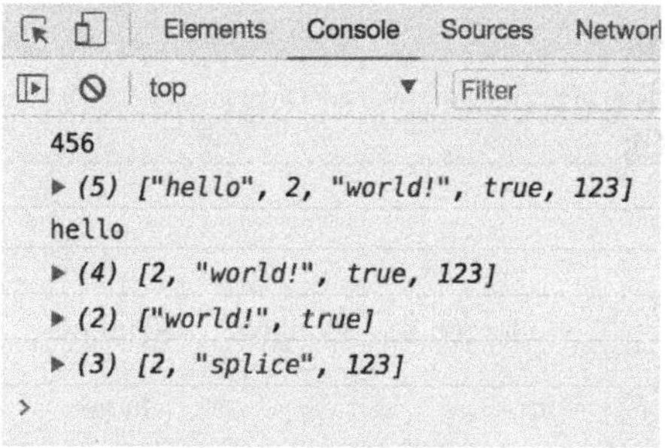

图 3.40　样例输出 3.40

第三类方法是对字符串中元素的顺序进行重排，对 reverse 方法来说，只是把数组的元素顺序倒置；而对于 sort 方法来说可变性就很大，因为其排序方式是可以通过自定义规则来实现的，当参数缺省时，会根据 Unicode 编码进行排序，但是这种排序方法很难满足需要。对于自定义函数，需要设定两个参数 x 和 y，当需要的排序结果是 x 在 y 之前时，自定义函数的返回值应该小于 0；当 x 和 y 可以相等时，返回值等于 0；当 y 在 x 之前时，返回值应该大于 0。具体代码如下：

```
var arr = new Array(123, 78, 981,3);
arr.reverse();
console.log(arr);
arr.sort();
console.log(arr);
function mySort(x, y) {
    return x - y;
}
arr.sort(mySort);
console.log(arr);
```

输出如图 3.41 所示。

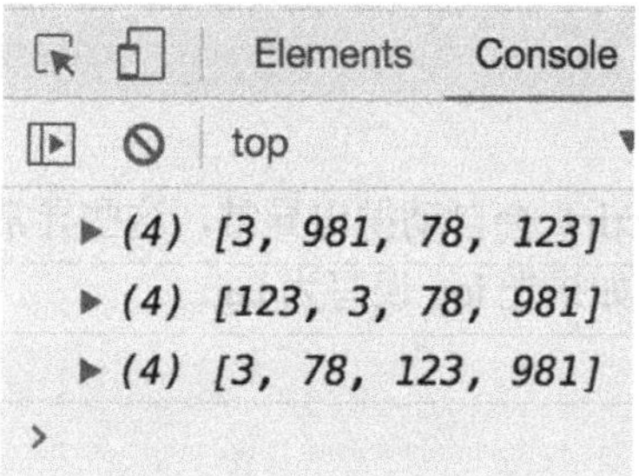

图 3.41　样例输出 3.41

当 sort 函数省略参数时，由于是根据 Unicode 编码进行排序，因此只会比较数值的第一个数字的序号大小，不会按数值的大小排序。而 mySort 函数的规则是“当 x<y 时返回负数，x>y 时返回正数”，这使 x 在 y 之前，因此是一个按照数值从小到大进行排序的规则。

第四类方法是返回数组中的信息，具体写法如下：

```
var arr = new Array("hello", 2, "world!", true, 123, 456);
console.log(arr.slice(2,4));
console.log(arr.join(" | ");
console.log(arr.toString());
```

输出如图 3.42 所示。

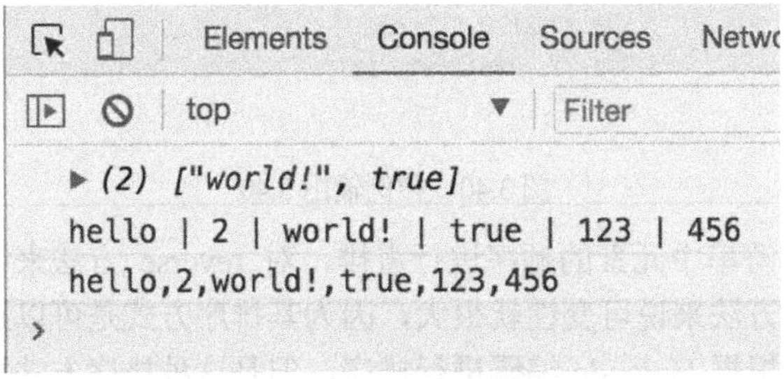

图 3.42　样例输出 3.42

数组对象中还有很多其他的方法，这些方法都可以提供很多便捷的功能，但是因为使用频率不是很高，在这里就不一一阐述，详细内容可以参考 JavaScript 官方的 API 文档。

3.4　JavaScript 异常处理

在之前的 JavaScript 代码运行的过程中，一旦代码本身出现问题整个程序就需要被强制停止，这种情况被称为错误。一种情况是，开发者在调试代码过程中出现的这种错误往往可以被改正，在以后的运行中不会再出现。而另一种情况是程序需要用户输入数据时，由于获取的数据类型可能与目标类型不符，这时也会产生错误而导致程序中止。但是这种情况往往不是开发者所能控制的，一般这种问题被称为异常。

异常处理就是用来解决这些程序运行过程中产生的异常问题的，当出现异常问题时 JavaScript 会抛出异常，而异常处理则是通过捕获这些错误，然后根据不同情况进行处理，让程序不至于中止。

3.4.1　抛出异常

当运行产生错误时，JavaScript 会自动抛出异常，这些异常会显示在浏览器的控制台中。例如，在写 console.log( )语句时如果把 log 误写为 lag：

```
console.lag("log 写错了");
```

输出如图 3.43 所示。

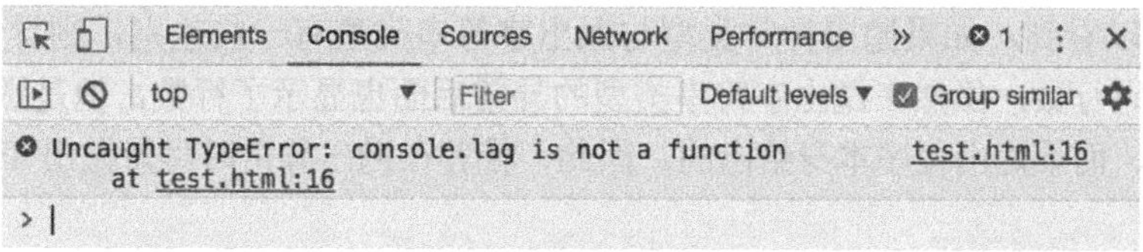

图 3.43　样例输出 3.43

从结果可以看到，JavaScript 会自动显示所产生的错误，这就是 JavaScript 抛出的异常。但是开发者也可以编写自己的异常，使其也能像 JavaScript 自动抛出的异常一样显示。创建异常需要用到 throw 语句，具体写法如下：

```
throw 异常内容
```

其中异常内容可以是字符串、数字、表达式或对象。利用 throw 语句开发者就可以创建自己的异常，例如：

```
var tag = 10;
if (tag > 5) {
    throw "tag 太大了";
}
console.log(tag);
```

输出如图 3.44 所示。

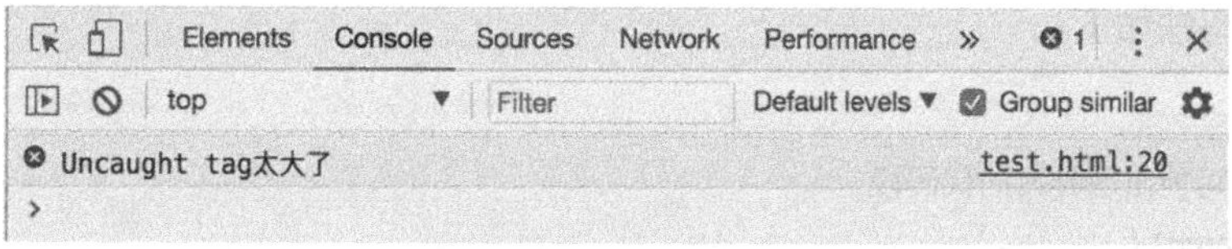

图 3.44　样例输出 3.44

从输出可以看到，程序抛出了我们定义的异常，并且中止在抛出异常的地方，后面的语句并没有被执行，同样也可以抛出一个错误对象，例如：

```
var tag = 10;
if (tag > 5) {
    var err = new Error("tag 太大了");
    throw err;
}
console.log(tag);
```

输出如图 3.45 所示。

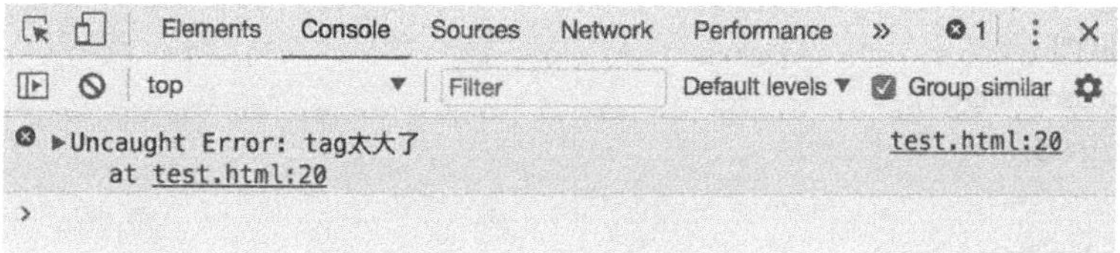

图 3.45　样例输出 3.45

从输出可以看到，如果抛出异常类型与抛出字符串类型有一些差别，则异常类型会给出程序出错的代码行数，虽然在抛出字符串类型的异常后面也显示了行数，但是那是由 Chrome 浏览器给出的，而不是由程序本身给出的。因此，推荐在抛出异常时尽量抛出 Error 对象类型的异常。

JavaScript 中内置了几种不同的异常对象，不同的异常对象代表不同类型的异常，JavaScript 内置的异常对象见表 3.15。

表 3.15 JavaScript 内置的异常对象

异常对象	说明
Error	普通异常
SyntaxError	语法错误
Uncaught ReferenceError	读取未定义变量时产生的错误
RangeError	数字超出了规定范围产生的错误
TypeError	数据类型错误
URIError	URI 编码或解码产生的错误
EvalError	当 eval 函数没有正确执行时的错误

3.4.2 捕获异常

在 3.4.1 节中虽然抛出了异常，但是程序运行到异常处还是中止了，并没有达到对异常进行处理的要求。如果要对异常进行处理，并且保证程序不中止，则需要用 try…catch 语句来捕获异常，具体写法如下：

```
try {
    可能出现异常的代码段
} catch(err) {
    处理错误的代码段
}
```

对于可能出现错误的代码，将其放在 try 代码段中运行。当其出现异常时，异常会被 catch 语句捕获，在 catch 语句的代码段中可以对错误进行处理。处理后程序不会中止，可以继续运行后续的代码，例如：

```
var tag = 10;
try {
    if (tag > 5) {
        var err = new Error("tag 太大了");
        throw err;
    }
} catch(err) {
    console.log(err);
    tag = 5;
}
console.log("tag=" + tag);
```

输出如图 3.46 所示。

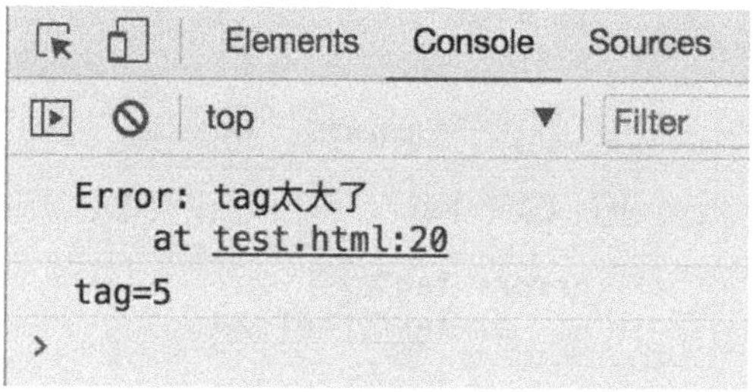

图 3.46　样例输出 3.46

从输出可以看到，catch 语句可以对抛出的异常进行处理，而且后续的代码可以不受影响并继续运行。其中异常类型既可以是 JavaScript 内部的异常，也可以是自定义的异常，当异常是 JavaScript 内部异常时：

```
try {
    console.lag("log 写错了");
} catch(err) {
    console.log(err);
}
console.log("这次写对了");
```

输出如图 3.47 所示。

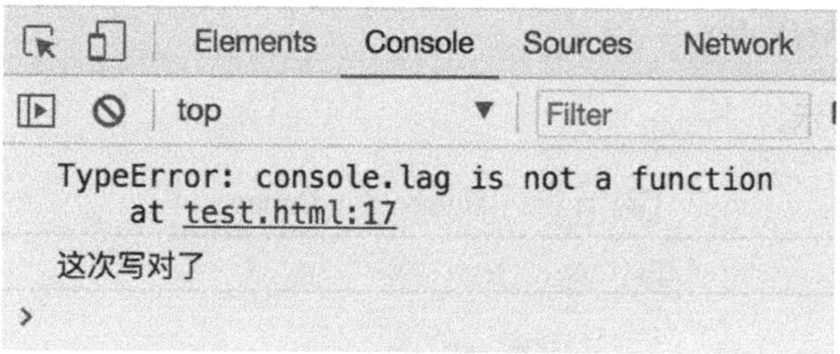

图 3.47　样例输出 3.47

在异常处理中，即使是很严重的语法错误，也不会导致程序中止。在 try 代码段中可以包含多个 throw 语句，但是当执行到第一个 throw 语句时会直接跳转到 catch 语句中，不会继续执行 try 代码段中的后续代码，例如：

```
var tag = 10;
try {
    if( tag > 5 ) {
        throw new Error("tag 太大了");
    }
    console.log("不会被执行");
    throw "不会抛出";
} catch (err) {
    console.log(err);
```

```
}
```

输出如图 3.48 所示。

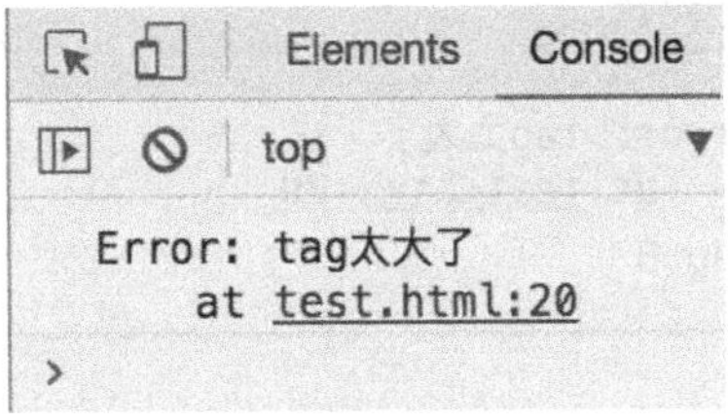

图 3.48　样例输出 3.48

在 try 代码段中，执行一次 throw 语句就不会再继续执行后续语句，也不会抛出其他异常。因此，在 try 代码段中可以通过 if 语句来抛出不同种类的异常。但是当 try 代码段中没有异常被抛出时，则不会运行 catch 语句中的代码，例如：

```
var tag = 10;
try {
    if( tag < 5 ) {
        throw "tag 太小了";
    }
} catch(err) {
    console.log("不会被执行");
}
console.log("执行结束");
```

输出如图 3.49 所示。

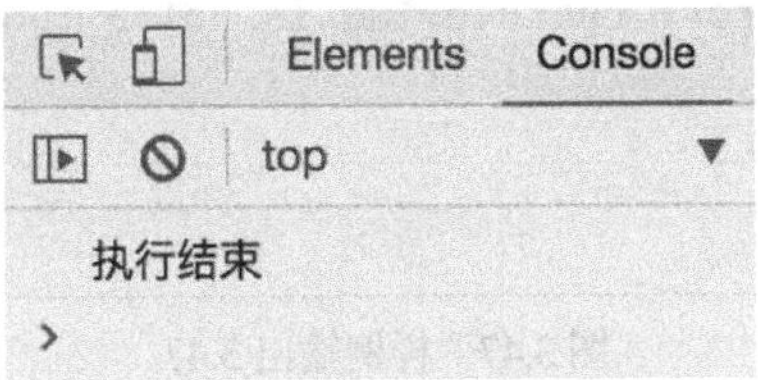

图 3.49　样例输出 3.49

从结果可以看出，当没有异常抛出时，JavaScript 会跳过 catch 语句，直接执行后续的代码。

3.4.3　finally 语句

finally 语句是用在 try…catch 语句之后，用来执行异常处理后的代码的语句，它不能单独使用，只能在 try…catch 语句后紧接着使用。具体写法如下：

```
try {
    可能出现异常的代码段
} catch(err) {
    处理错误的代码段
```

```
} finally {
    无论是否出现异常都会运行的代码段
}
```

无论 try 语句中是否有异常抛出，在 try…catch 语句结束之后都会运行 finally 中的语句，例如：

```
var tag = 10;
try {
    if (tag < 5) {
        throw new Error("tag 太小了");
    }
} catch(err) {
    console.log(err);
} finally {
    console.log("没有异常抛出");
}
try {
    if (tag > 5) {
        throw new Error("tag 太大了");
    }
} catch(err) {
    console.log(err);
} finally {
    console.log("有异常抛出");
}
```

输出如图 3.50 所示。

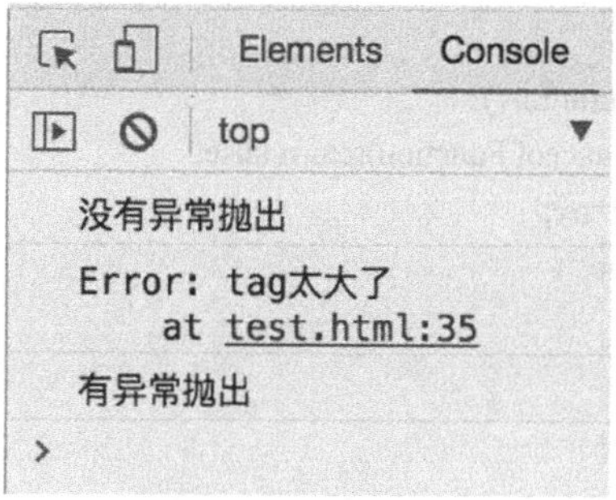

图 3.50　样例输出 3.50

从输出可以看出，无论 try 语句中是否有异常抛出，都会执行 finally 语句中的代码。实际上 finally 语句可以省略，被省略后无论是否抛出异常，仍可以继续运行后面的代码。

小结

本章主要介绍了 JavaScript 的基础语法，包括变量、常量、运算符、基本语句、异常处理、函数、对象以及 JavaScript 内置的核心对象的用法。读者在学习本章内容时，应该在理解语法含义的基础上，根据示例代码多加练习，并多多尝试编写一些自己感兴趣的功能，只有把这部分内容融会贯通才能学好 JavaScript。

习题

1．函数内的代码在解析时的外部作用域只和函数定义的位置有关，而和函数执行的位置无关。函数只有在执行的时候，它的内部代码才有意义。一个函数对应一个作用域，在函数执行完之后，如果作用域内的局部变量被其他正在使用中的作用域所依赖，那么此作用域暂时不会被回收。基于这几点，请进行下列练习。

（1）创建访问受限的变量

```
…可用于展开数组或者对象。
//args 为如果对象不存在时构建它的默认参数，如果对象存在则可以简单地忽略 args
function A(){
    var data={count:0};
    return {
        count:function(){
            return data.count;
        },
        plus:function(v){
            data.count+=v;
        },
        commit:function(foo,args){
            this[foo](...arg);
        },
        fetch(attr){
            return data[attr];
        }
        change:function(attr,nv){
            if(nv instanceof Function)return false;
            data[attr]=nv;
            return true;
        }
    };
}
```

对象内部的数据不会被外部直接修改，只能请求对象自行修改有关数据。

试着创建一些这样的变量进行操作实验。

（2）知识点①限定一段时间内只能执行一次的函数（这是一种性能优化措施，称之为函数节流）。

```
function produce(call,millis){
    var time=Date.now();
    return function(){
        let now=Data.now();
```

```
            if(now-time>millis){
                time=now;
                call();
            }
        };
    }
    const alias=produce(mycall);
    alias();
    alias();
```

知识点②setInterval 是一个使函数每隔一定时间执行一次的函数，即 setInterval(call, millis);

试结合上述两个知识点，设置一个本来需要每隔 100ms 调用一次，但是因为函数节流措施导致每隔 500ms 才能调用一次的函数，并在函数内执行 console.log(Date,now())操作。

（3）限定只有某一事件发生后才会调用，只有在事件发生一定时间后且没有事件再次触发时才会调用的函数（这也是一种性能优化措施，称之为函数防抖）。

```
    function produce(call,millis){
        var handle=null;
        return function(){
            if(handle!=null){
                clearTimeout(handle);
                handle=setTimeout(function(){call();handle=null;},mills);
            }
        };
    }
    const alias=produce(mycall);
    alias();
    alias();
```

试设置间隔期在 3s 及以上，然后在浏览器控制台上修改并实验上述代码。

（4）惰性计算。

```
    function LazyNumber(value){
        var acts=[];
        this.add=function(v){
            acts.push( (function(v){value+=v;}).bind(this,v));
        }
        this.get=function(){
            let act;
            while((act=acts.shift())!=null)act();
            return value;
        }
    }
```

只有在调用 get 方法的时候才会真正开始计算。

请扩充上述内容使它支持减法、乘法和除法等运算，并编写代码进行实现。

（5）单例对象提供者。

在较新的语法中，绝大部分 JavaScript 所支持的值都可以用作对象的属性名，包括对象。

```
...可用于展开数组或者对象。
// args 为如果对象不存在时构建它的默认参数，如果对象存在则可以简单地忽略 args
function Provider(){
    var dict={};
    this.getByType(stype,args=[]){
        if(stype in dict)return dict[stype];
        for(let t in dict)
            if(stype instanceof t)
                return dict[t];
        return dict[stype]=new stype(...args);
    }
}
```

实验上述对象并分别提供一个 Number、一个 RegExp 和一些自定义对象的单例。

2．一种常见的错误。

```
function A(){
    for(var i=0;i<5;i++){
        setTimeout(function(){
            console.log(i);
        },0);
    }
}
A();
```

代码编写者的预想结果可能是输出“0 1 2 3 4”，但是 setTimeout 设置的回调函数只有在执行完 A 函数之后才会被调用，而函数回调的时候使用的是同一变量 *i*，且该变量的值已经是 5 了，所以会输出“5 5 5 5 5”，这一错误可以通过提前绑定参数来解决。

试使用 Function.prototype.bind 使得输出内容为“0 1 2 3 4”（将 var 改为 let 也能输出“0 1 2 3 4”）。

3．数组。

```
var arr=[];
arr.push(1,2,3);
console.log(arr.length);
arr[10]=1;
console.log(arr.length);
arr['somekey']=2;
console.log(arr.length);
```

上述代码三次输出的长度依次是多少?

（1）[1,2,3].concat([4,5],[6,7],[8,[9,10]]).concat([1,[2,[3]]])的输出结果的长度是多少？输出结果是什么?

（2）关于数组的构造。

new Array(10).length 的结果是多少？

new Array(100,200).length 的结果是多少？

new Array('10').length 的结果是多少？

new Array(1.1)会报错吗？为什么？

（3）下列关于数组的说法错误的是（　　）。

A．数组调用 sort 方法不会对非数值索引的元素造成影响。

B．数组调用 sort 方法传入一个回调时，回调内每次调用传入两个元素。如果某次回调过程中返回值为正数，那么这两个元素的位置会被调换。

C．数组无参函数调用 sort 方法时，值为 undefined 的元素会被后移，从而使排序完之后的 undefined 元素集中在数组末尾。

D．数组调用 sort 方法排序一定是稳定的。

（4）试编写 sort_function 方法的代码，使得下列数组按元素的 index 属性排序。

```
var arr=[{index:1},{index:6},{index:3,v:1},{index:5},{index:3,v:6},{index:2}];
arr.sort(sort_function);
```

查看 arr 数组中 index 为 3 的两个元素的位置，观察本次排序是否是稳定的。

4．请判断以下代码是否有问题？

```
try{
        throw
        "somthing wrong";
}catch(e){}
```

5．请说明下述代码的调用逻辑。

```
var a=2;
function A(){
        try{
                throw 1;
                var a;
        }catch(a){
                a=3;
        }
        console.log(a);
};
```

调用 A()后的输出结果是什么？上述代码在执行过程中发生了什么？

6．Date() instanceof Date 会返回什么？为什么？

第 4 章　JavaScript 交互

本章先向读者介绍 JavaScript 的两大对象模型，深入讲解对象模型的使用方法并给出示例代码。然后介绍 JavaScript 的核心功能事件驱动的使用，并给出代码实例。接着以表单验证为例具体地阐述 JavaScript 在实际网页中的重要用法。最后讲述如何使用 JavaScript 在页面中实现一些动态效果。

本章学习目标

- 熟悉 JavaScript 的对象模型。
- 熟练掌握 JavaScript 的事件驱动。
- 学习如何实现表单验证。
- 了解如何使用 JavaScript 实现动态效果。
- 能够独立实现简单的 JavaScript 动态页面。

4.1　表单

4.1.1　表单简介

HTML 表单用于接收不同类型的用户输入，用户提交表单时会向服务器传输数据，从而实现用户与 Web 服务器之间的交互，如图 4.1 所示。

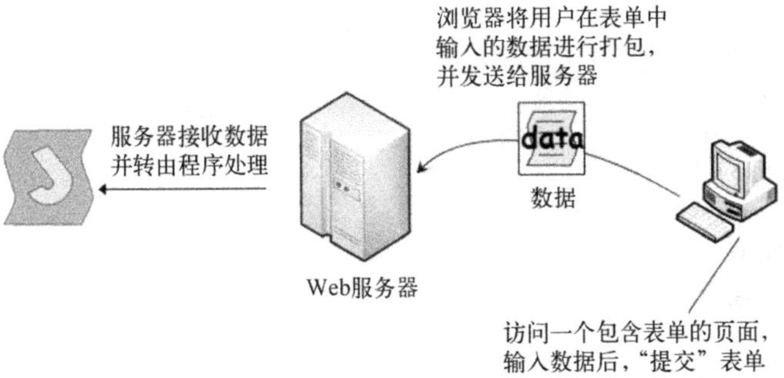

图 4.1　表单的工作机制

4.1.2　表单定义

HTML 表单是一个包含表单元素的区域，表单使用<form>标签创建。表单能够包含 input 元素，比如文本字段、复选框、单选框、提交按钮等，表单还可以包含 menus、textarea、fieldset、legend 和 label 元素。注意，<form >元素是块级元素，其前后会产生折行。

```
<form action="reg.ashx" method="post">
```

```
<!--表单元素在这里-->
</form>
```

4.1.3 表单属性

1．action

当提交表单时，会向后台发送表单数据。action 取值分为三种情况，第一种情况，一个 URL（绝对 URL/相对 URL），一般指向服务器端的一个程序，程序接收到表单提交过来的数据（即表单元素值）后，会进行相应处理。比如<form action="http://www.cnblogs.com/reg.ashx">，表示当用户提交这个表单时，服务器将执行网址“http://www.cnblogs.com/”上的名为“reg.ashx”的一般处理程序。第二种情况，使用 Mailto 协议的 URL 地址，这样会将表单内容以电子邮件的形式发送出去。这种情况比较少见，因为它要求访问者的计算机上安装并正确设置了邮件发送程序。第三种情况，空值，如果 action 为空或不写，表示提交给当前页面。

2．method

该属性用来定义浏览器将表单中的数据提交给服务器处理程序的方式。关于 method 的取值，最常用的是 get 方式和 post 方式。第一，使用 get 方式提交表单数据，Web 浏览器会将表单各字段的元素及其数据，按照 URL 参数格式附在<form>标签的 action 属性所指定的 URL 地址后面并发送给 Web 服务器；由于 URL 的长度限制，使用 get 方式传送的数据量一般限制在 1KB 以下。第二，使用 post 方式，浏览器会将表单数据作为 HTTP 请求体的一部分发送给服务器。一般来说，使用 post 方式传送的数据量要比使用 get 方式传递的数据量大。根据 HTML 标准，如果处理表单的服务器程序不会改变服务器上存储的数据，则应采用 get 方式（比如查询）；如果表单处理的结果会引起服务器上存储的数据的变化，则应该采用 post 方式（比如增、删、改等操作）。第三，其他方式（head、put、delete、trace 或 options 等）。其实，最初的 HTTP 标准对各种操作都规定了相应的 method 属性，但后来很多规定都没有被遵守，大部分情况下使用 get 或 post 就能满足需求。

3．target

该属性规定在何处显示 action 属性中指定的 URL 所返回的结果。其取值有_blank（在新窗口中打开）、_self（在相同的框架中打开，默认值）、_parent（在父框架中打开）、_top（在整个窗口中打开）和 framename（在指定的框架中打开）5 种。

4．title

设置网站访问者的鼠标在表单上的任意位置停留时，浏览器用小浮标显示的文本。

5．enctype

规定在表单数据发送到服务器之前应该如何对其进行编码。取值有以下两种：默认值为“application/x-www-form-urlencoded”，在发送到服务器之前，所有字符都会进行编码（空格转换为“+”，特殊符号转换为 ASCII 或 HEX 值）；另一个取值为“multipart/form-data”，它不对字符编码，在使用包含文件上传控件的表单时，必须使用该值。

6．name

name 是表单的名称。需要注意 name 属性和 id 属性的区别：name 属性是和服务器通信时使用的名称；而 id 属性是浏览器端使用的名称，该属性主要是为了方便客户端编程而在 CSS 和 JavaScript 中使用的。

4.1.4 表单元素

1．单行文本框

单行文本框<input type="text"/>（input 的 type 属性的默认值是“text”）代码如下：

```
<input type = "text" name="名称"/>
```

显示效果如图 4.2 所示。

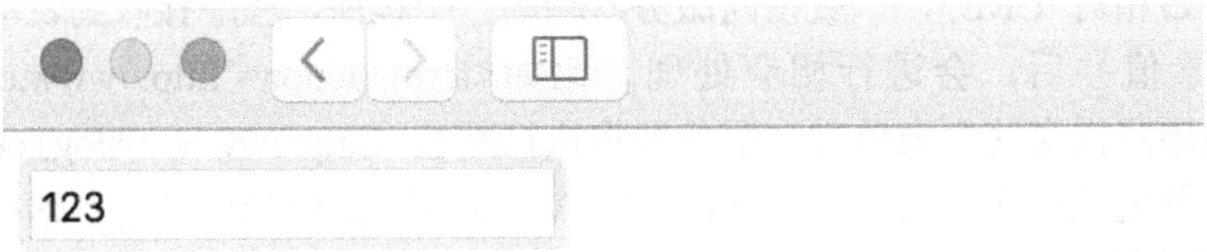

图 4.2 单行文本框

以下是单行文本框的主要属性。

1）size：指定文本框的宽度，以字符为单位；在大多数浏览器中，文本框的默认宽度是 20 个字符。

2）value：指定文本框的默认值，是在浏览器第一次显示表单或者用户单击重置按钮<input type="reset"/>之后在文本框中显示的值。

3）maxlength：指定用户输入的最大字符长度。

4）readonly：只读属性，当设置 readonly 属性后，文本框可以获得焦点，但用户不能改变文本框中的值。

5）disabled：禁用属性，当文本框被禁用时，不能获得焦点，当然，用户也不能改变文本框的值。而且在提交表单时，浏览器不会将该文本框的值发送给服务器。

2．密码框

密码框<input type="password"/>代码如下：

```
<input type="password" name="名称"/>
```

密码框的显示效果如图 4.3 所示。

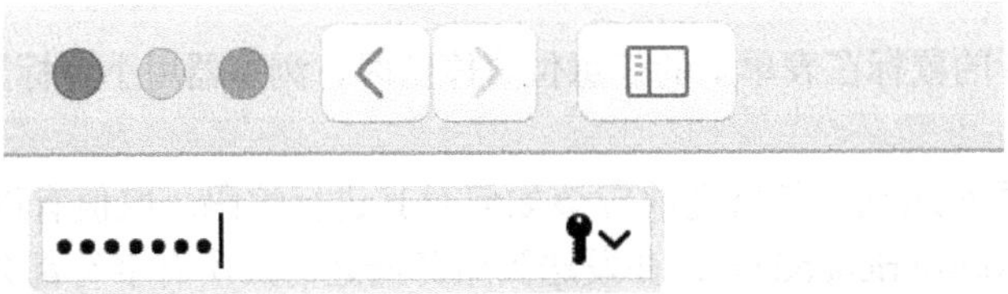

图 4.3 密码框

3．单选按钮

使用 name 相同的一组单选按钮，需要给不同的单选按钮（radio）设定不同的 value 属性，这样通过取指定 name 的值就可以知道哪个单选按钮被选中了，不用再单独判断。单选按钮的元素值由 value 属性显式设置，表单提交时，选中项的 value 和 name 被打包发送，value

属性不显式设置。下面为代码实现，单选按钮的显示效果如图 4.4 所示。

```
<input type="radio" name="gender" value="male" />
<input type="radio" name="gender" value="female"/>
```

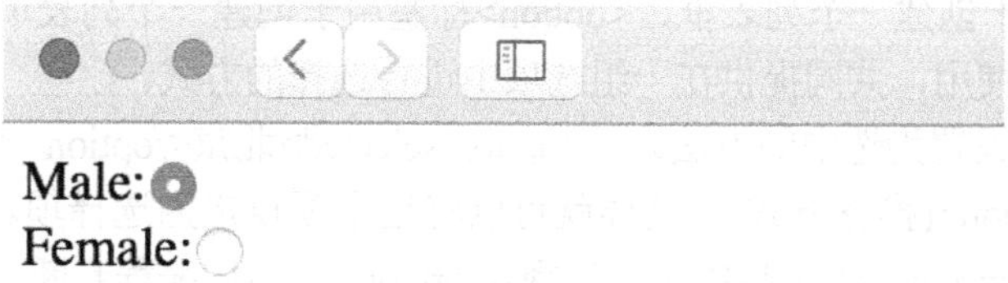

图 4.4　单选按钮

4．复选框

使用复选按钮组，即 name 相同的一组复选按钮，其表单元素的元素值由 value 属性显式设置，表单提交时，所有选中项的 value 和 name 会被打包发送，不显式设置 value。复选框的 checked 属性表示是否被选中，<input type="checkbox" checked />或者<input type="checkbox" checked="checked" />(推荐)表示被选中，checked、readonly 等这种只有一个可选值的属性都可以省略属性值。下面为代码实现，复选框的显示效果如图 4.5 所示。

```
<input type ="checkbox" name="language" value="Java"/>
<input type ="checkbox"   name="language" value="C"/>
<input type ="checkbox" name="language" value="C#"/>
```

图 4.5　复选框

5．隐藏域

隐藏域通常用于向服务器提交不需要显示给用户的信息。代码如下：

```
<input type="hidden" name="隐藏域"/>
```

显示效果如图 4.6 所示。

图 4.6　隐藏域

6．文件上传

使用 file，则<form>标签的 enctype 属性必须设置为“multipart/form-data”，method 属性的

值为 post，代码如下：

```
<input name="uploadedFile" id="uploadedFile" type="file" size="60" accept="text/*"/>
```

7. 下拉框

<select>标签用于创建一个列表框，<option>标签用于创建一个列表项，<select>与嵌套在其中的<option>一起使用，共同提供在一组选项中进行选择的方式。

将一个<option>设置为选中的方法为：<option selected>北京</option>或者<option selected="selected">北京</option>(推荐方式)，这样就可以将这个项设定为选择项。实现“不选择”的方法为：添加一个<option value="-1">--不选择--<option>，然后编程判断 select 选中的值，如果是-1，就认为是不选择。

select 分组选项：可以使用 optgroup 对数据进行分组，分组本身不会被选择，无论对于下拉列表还是列表框都适用。

<select>标签加上 multiple 属性，可以允许多选（按〈Ctrl〉键选择）。

代码如下，下拉框显示效果如图 4.7 所示。

```
<select name="country" size="10">
    <optgroup label="Africa">
        <option value="gam">Gambia</option>
        <option value="mad">Madagascar</option>
        <option value="nam">Namibia</option>
    </optgroup>
    <optgroup label="Europe">
        <option value="fra">France</option>
        <option value="rus">Russia</option>
      <option value="uk">UK</option>
   </optgroup>
   <optgroup label="North America">
      <option value="can">Canada</option>
      <option value="mex">Mexico</option>
      <option value="usa">USA</option>
   </optgroup>
</select>
```

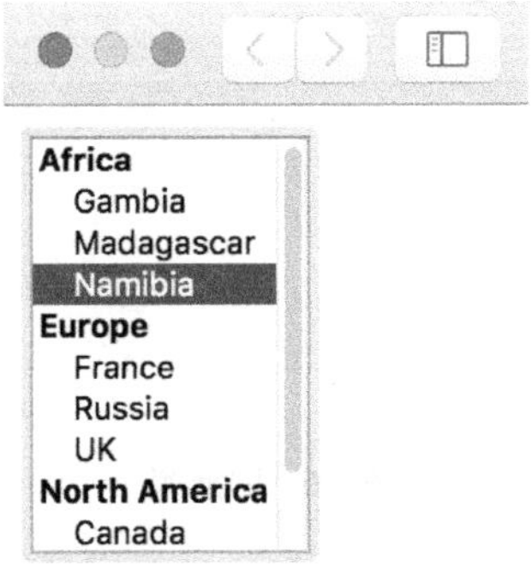

图 4.7 下拉框样例

8．多行文本

多行文本<textarea>用来创建一个可输入多行文本的文本框，<textarea>没有 value 属性，用 cols=和 rows=分别表示列数和行数，若不指定则浏览器采取默认显示。代码如下，多行文本的显示效果如图 4.8 所示。

```
<textarea name="textareaContent" rows="20" cols="50" >
多行文本框的初始显示内容
</textarea>
```

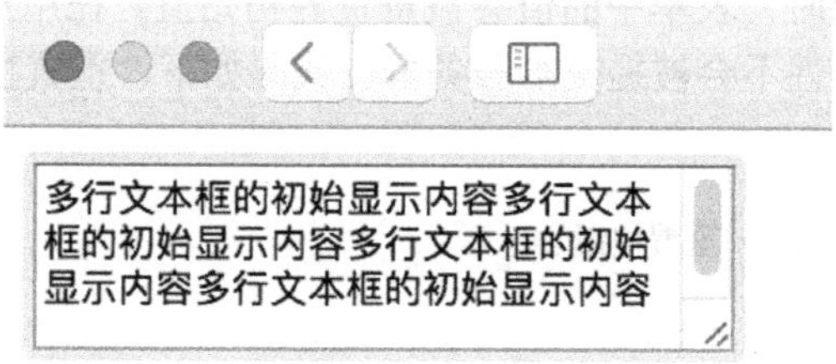

图 4.8　多行文本

9．<fieldset >标签

<fieldset>标签将控件划分一个区域，使其看起来更规整。代码如下，<fieldset>标签的显示效果如图 4.9 所示。

```
<fieldset>
  <legend>爱好</legend>
   <input type="checkbox" value="篮球" />篮球
   <input type="checkbox" value="爬山" />爬山
   <input type="checkbox" value="阅读" />阅读
</fieldset>
```

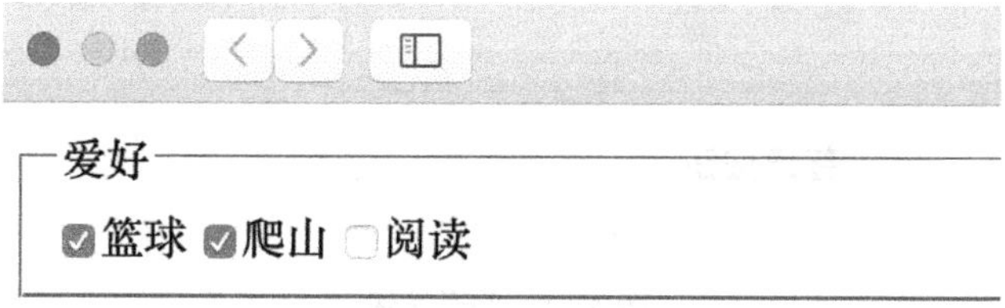

图 4.9　fieldset 标签

10．提交按钮

当用户单击提交按钮时，表单数据会被提交给<form>标签的 action 属性所指定的服务器处理程序。中文 IE 浏览器下默认按钮文本为“提交查询”，可以通过设置 value 属性来修改按钮的显示文本。代码如下，提交按钮的显示效果如图 4.10 所示。

```
<input type="submit" value="提交"/>
```

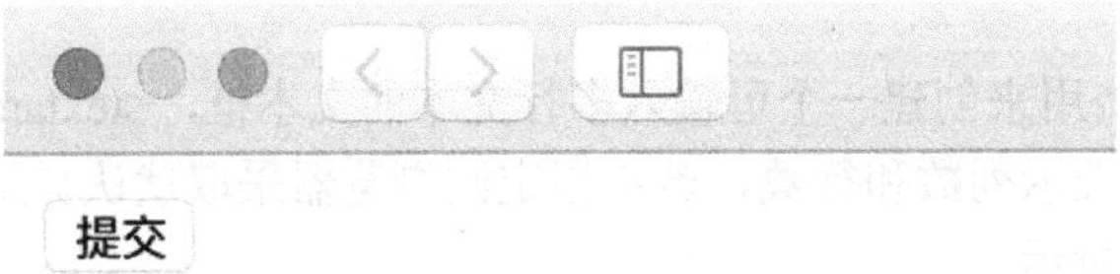

图 4.10　提交按钮

11．重置按钮

当用户单击重置按钮时，表单中的值会被重置为初始值。在用户提交表单时，重置按钮的 name 属性和 value 属性不会被提交给服务器。代码如下，重置按钮的显示效果如图 4.11 所示。

```
<input type="reset" value="重置按钮"/>
```

图 4.11　重置按钮

12．普通按钮

普通按钮通常用于执行一段脚本代码。代码如下：

```
<input type="button" value="普通按钮"/>
```

普通按钮的显示效果如图 4.12 所示。

图 4.12　普通按钮

13．图像按钮

图像按钮的 src 属性用于指定图像源文件，它没有 value 属性。图像按钮可代替提交按钮，而现在也可以通过 CSS 直接将提交按钮的外观设置为一幅图片。代码如下：

```
<input type="image" src="bg.jpg" />
```

图像按钮的显示效果如图 4.13 所示。

图 4.13 图像按钮

4.1.5 表单样例

下面提供一个收集信息的表单的样例。使用 form 控件创建个性化表单来收集数据是十分方便的，form 的各类属性可以提供常见的信息收集功能。代码如下：

```
<meta charset="utf-8">
<html>
<head>
  <title>注册页面</title>
  <style type="text/css">
    table {
      width: 450px;
      border: 1px solid red;
      background-color: #FFCB29;
      border-collapse: collapse;
    }
    td {
      width: 200;
      height: 40px;
      border: 1px solid black;
    }
    span {
      background-color: red;
    }
  </style>
</head>
<body style="background-color: #0096ff;">
  <form name="registerform" id="form1" action="" method="post">
    <table align="center" cellspacing="0" cellpadding="0">
      <tr>
        <td>用户名：   31</td>
```

```
            <td><input type="text" /></td>
        </tr>
        <tr>
            <td>密码：   39</td>
            <td><input type="password" /></td>
        </tr>
        <tr>
            <td>确认密码：   47</td>
            <td><input type="password" /></td>
        </tr>
        <tr>
            <td>请选择省/市：   55</td>
            <td>
                <select>
                    <optgroup label="中国">
                        <option>甘肃省</option>
                        <option>河南省</option>
                        <option>上海市</option>
                    </optgroup>
                    <optgroup label="America">
                        <option>California</option>
                        <option>Chicago</option>
                        <option>New York</option>
                    </optgroup>
                </select>
            </td>
        </tr>
        <tr>
            <td>请选择性别：   74</td>
            <td>
                <input type="radio" name="sex" id="male" value="0" checked="checked" /><label for="male">男</lable>
                <input type="radio" name="sex" id="female" value="1" /><label for="female">女</label>
                <input type="radio" name="sex" id="secret" value="2" /><label for="secret">保密</label>
            </td>
        </tr>
        <tr>
            <td>请选择职业：   84</td>
            <td>
                <input type="radio" id="student" name="profession" /><label for="student">学生</label>
                <input type="radio" id="teacher" name="profession" /><label for="teacher">教师</label>
                <input type="radio" id="others" name="profession" /><label for="others">其他</label>
            </td>
        </tr>
        <tr>
```

```
            <td>请选择爱好：  94</td>
            <td>
            <fieldset>
              <legend>你的爱好</legend>
              <input type="checkbox" name="hobby" id="basketball" checked="checked" /><label for="basketball">打篮球</label>
              <input type="checkbox" name="hobby" id="run" /><label for="run">跑步</label>
              <input type="checkbox" name="hobby" id="read" /><label for="read">阅读</label>
              <input type="checkbox" name="hobby" id="surfing" /><label for="surfing">上网</label>
            </fieldset>
            </td>
          </tr>
          <tr>
            <td>备注：  108</td>
            <td>
              <textarea cols="30">这里是备注内容</textarea>
            </td>
          </tr>
          <tr>
            <td> </td>
            <td>
              <input type="submit" value="提交" />
              <input type="reset" value="重置" />
            </td>
          </tr>
        </table>
      </form>
    </body>
  </html>
```

上述代码的展示效果如图 4.14 所示。

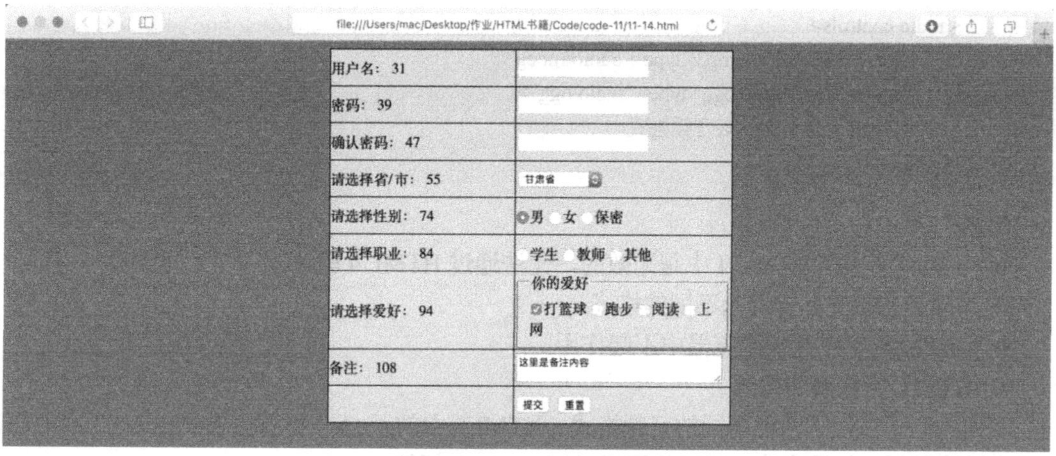

图 4.14　表单样例

4.2 媒体

4.2.1 HTML 音频（Audio）

在 HTML 中音频可以以不同的方式播放。

1．使用<embed>标签

<embed>标签可以用来定义外部（非 HTML）内容的容器（这是一个 HTML5 标签，在 HTML4 中是非法的，但是在所有浏览器中都有效）。下面的代码片段能够显示嵌入网页中的 MP3 文件：

```
<embed height="50" width="100" src="music.mp3">
```

注意：

- <embed>标签在 HTML 4 中是无效的，页面无法通过 HTML 4 验证。
- 不同的浏览器对音频格式的支持也不同。
- 如果浏览器不支持该文件格式，没有插件的话就无法播放该音频。
- 如果用户的计算机未安装插件，则无法播放音频。
- 如果把该文件转换为其他格式，仍然无法在所有浏览器中播放该音频。

2．使用<object>标签

<object>标签也可以定义外部（非 HTML）内容的容器。下面的代码片段能够显示嵌入网页中的 MP3 文件：

```
<object height="50" width="100" data="music.mp3"></object>
```

3．使用<audio>标签

<audio>标签是一个 HTML5 标签，在 HTML4 中是非法的，但在所有浏览器中都有效。以下我们将使用<audio>标签来描述 MP3 文件（在 Internet Explorer、Chrome 以及 Safari 中是有效的），同样添加了一个 OGG 类型的文件（在 Firefox 和 Oper a 浏览器中有效）。如果失败，它会显示一个错误文本信息，代码如下：

```
<audio controls>
    <source src="music.mp3" type="audio/mpeg">
    <source src="music.ogg" type="audio/ogg">
    您的浏览器不支持该音频格式
</audio>
```

注意：

- <audio>标签在 HTML 4 中是无效的，无法通过 HTML 4 验证。
- 必须把音频文件转换为不同的格式。
- <audio>标签在老式浏览器中不起作用。

4．HTML 音频解决方法

下面的例子使用了两种不同的音频格式。HTML5 中的<audio>标签会尝试以 MP3 或 OGG 格式来播放音频。如果失败，代码将回退尝试<embed>标签。

```
<audio controls height="100" width="100">
    <source src="music.mp3" type="audio/mpeg">
    <source src="music.ogg" type="audio/ogg">
    <embed height="50" width="100" src="music.mp3">
</audio>
```

注意：

- 必须把音频转换为不同的格式。
- <embed>标签无法回退来显示错误消息。

4.2.2 HTML 视频（Video）

1．使用<embed>标签

<embed>标签的作用是在 HTML 页面中嵌入多媒体元素。下面的 HTML 代码可以显示嵌入网页的 Flash 视频：

```
<embed src="intro.swf" height="200" width="200">
```

注意：

- HTML4 无法识别<embed>标签，我们的页面无法通过 HTML4 验证。
- 如果浏览器不支持 Flash，那么视频将无法播放。
- iPad 和 iPhone 不能显示 Flash 视频。
- 如果将视频转换为其他格式，那么它仍然不能在所有浏览器中播放。

2．使用<object>标签

<object>标签的作用是在 HTML 页面中嵌入多媒体元素。下面的 HTML 片段可以显示嵌入网页的一段 Flash 视频：

```
<object data="intro.swf" height="200" width="200"></object>
```

3．使用 HTML5 <video>标签

HTML5<video>标签定义了一个视频或者影片。<video>标签在所有主流浏览器中都支持。以下 HTML 片段会显示一段嵌入网页的 OGG、MP4 或 WebM 格式的视频：

```
<video width="320" height="240" controls>
    <source src="movie.mp4" type="video/mp4">
    <source src="movie.ogg" type="video/ogg">
    <source src="movie.webm" type="video/webm">
    我们的浏览器不支持 video 标签。
</video>
```

注意：

- 必须把视频转换为多种不同的格式。
- <video>标签在老式浏览器中无效。

4．HTML 视频解决方法

以下实例中使用了 4 种不同的视频格式。HTML5<video>标签会尝试以 MP4、OGG 或 WebM

格式中的一种来播放视频。如果均失败，则回退到<embed>标签。实现 HTML5+<object>+<embed>的代码片段如下：

```
<video width="320" height="240" controls>
    <source src="movie.mp4" type="video/mp4">
    <source src="movie.ogg" type="video/ogg">
    <source src="movie.webm" type="video/webm">
    <object data="movie.mp4" width="320" height="240">
      <embed src="movie.swf" width="320" height="240">
    </object>
</video>
```

注意：

- 必须把视频转换为很多不同的格式。

5．视频网站解决方案

在 HTML 中，显示视频的最简单的方法是使用优酷、土豆、YouTube 等视频网站。如果希望在网页中播放视频，那么可以把视频上传到优酷等视频网站上，然后在网页中插入 HTML 代码即可播放视频，代码如下：

```
<embed src="http://player.youku.com/player.php/sid/XMzI2NTc4NTMy/v.swf" width="480" height= "400" type="application/x-shockwave-flash"> </embed>
```

6．使用超链接

如果网页包含指向媒体文件的超链接，大多数浏览器会使用“辅助应用程序”来播放该媒体文件。以下代码片段显示指向 AVI 文件的链接。如果用户单击该链接，浏览器会启动“辅助应用程序”，比如 Windows Media Player 来播放这个 AVI 文件：

```
<a href="intro.swf">Play a video file</a>
```

4.3 浏览器对象模型（BOM）

浏览器对象模型（Browser Object Model，BOM）是一种能够对浏览器内容进行访问和操作的工具。不同于 DOM 的是，BOM 至今还没有一个正式的标准。使用 BOM 接口可以实现 HTML 页面与浏览器之间的交互。

4.3.1 Window 对象

Window 对象和 Document 对象类似，都是全局对象，也是各自模型的顶层对象。Document 对象代表的是 HTML 文档，而 Window 对象代表的则是浏览器窗口，相对于 Document 对象而言，Window 对象的层次要更高一些。在 JavaScript 中，所有的全局对象和方法都是 Window 对象的属性和方法，是凌驾于所有对象之上的最高层次的对象，而且 Window 对象的所有方法和属性都可以不加 Window 对象名直接调用，例如 Document 对象就可以直接在 JavaScript 代码中使用。在第 2 章中曾经提到过，未使用 var 或者 let 关键字定义的变量都会被设置为 Window 对象的一个属性，因此这种变量可以全局使用的理由就解释得通了。

Window 对象还包括几个重要的子对象，它们也都是全局对象，可以不加 Window 关键字直接使用。

1）Document 对象：代表了整个 HTML 文档，在 JavaScript 中的使用频率非常高。

2）Screen 对象：描述用户屏幕的对象，其中包括分辨率、宽度等信息。

3）Location 对象：描述当前 HTML 页面 URL 的对象。

4）History 对象：描述用户浏览器历史的对象。

5）Navigator 对象：描述用户浏览器的对象，其中包括浏览器名称、版本等信息。

这些全局对象在 JavaScript 中都可以直接使用，而且分别代表了浏览器页面的各个重要部分。除了这些全局对象之外，Window 对象还提供了很多重要的全局方法，比较常用的方法有对话框方法、窗口操作方法、延时方法等。

4.3.2 Screen 对象

Screen 对象用于描述用户的显示器，一般在根据用户屏幕大小对页面进行适配时较为常用，Screen 对象没有方法，只有记录用户屏幕信息的属性，其常用属性见表 4.1。

表 4.1 screen 对象的常用属性

属性名	属性描述
width	返回用户屏幕的宽度，单位为像素
height	返回用户屏幕的高度，单位为像素
availWidth	返回用户屏幕的可用宽度，单位为像素
availHeight	返回用户屏幕的可用高度，单位为像素
colorDepth	返回屏幕颜色的深度

其中，availWidth 等于屏幕宽度减去边框宽度，通常和 width 相等，而 availHeight 等于屏幕高度减去工具栏高度，通常会比屏幕高度小一些，当浏览器开启全屏模式时二者相等。Screen 对象属性的具体用法如下：

```
<!DOCTYPE html>
<html>
<head>
    <meta charset="UTF-8">
    <title>ScreenInfo</title>
</head>
<body>
</body>
<script>
    console.log("屏幕宽度 ="+screen.width);
    console.log("屏幕高度 ="+screen.height);
    console.log("可用宽度 ="+screen.availWidth);
    console.log("可用高度 ="+screen.availHeight);
    console.log("颜色深度 ="+screen.colorDepth);
</script>
</html>
```

输出如图 4.15 所示。

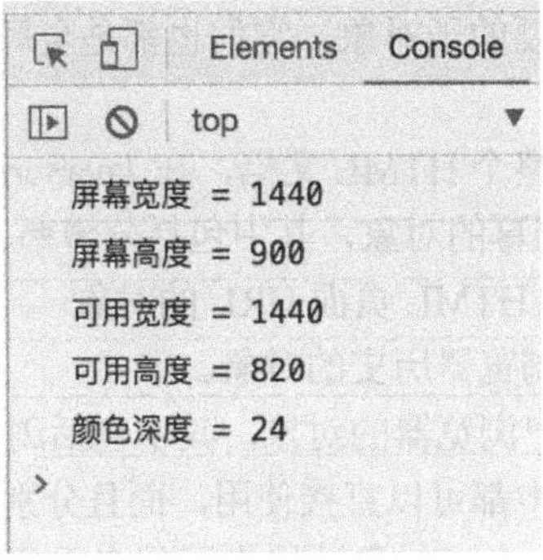

图 4.15　样例输出 4.15

4.3.3　Location 对象

Location 对象用于描述页面的 URL 地址，能够获取当前页面的地址、文件的路径、服务器使用的端口，而且其一个很重要的功能是可以通过改变其地址使浏览器跳转到一个新的页面。

Location 对象的属性都与地址相关，其常用属性见表 4.2。

表 4.2　Location 对象的常用属性

属性名	属性描述
protocol	返回当前页面所使用的协议名
hostname	返回当前页面的域名或 IP
host	返回当前页面的域名或 IP 以及服务器使用的端口
port	返回当前页面服务器使用的端口
pathname	返回当前页面的路径
search	返回当前页面的参数
href	返回当前页面完整的 URL
hash	返回当前页面的锚

其中，search 属性返回的参数是包含“?”符号的，而 hash 属性返回的锚是包含“#”符号的。Location 对象属性的具体用法如下：

```
<!DOCTYPE html>
<html>
<head>
    <meta charset="utf-8">
    <title>Location</title>
</head>
<body>
</body>
<script>
    console.log("协议 ="+location.protocol);
    console.log("主机名 ="+location.hostname);
    console.log("主机 ="+location.host);
    console.log("端口 ="+location.port);
    console.log("路径 ="+location.pathname);
    console.log("参数 ="+location.search);
```

```
        console.log("锚 = "+location.hash);
        console.log("URL = "+location.href);
    </script>
    </html>
```

输出如图 4.16 所示。

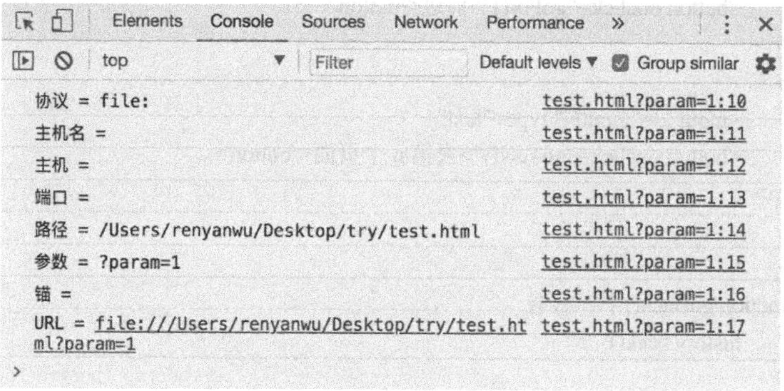

图 4.16　样例输出 4.16

因为是直接打开本地的 HTML 文件，所以协议为 file，与主机相关的属性都为空。而由于没有锚的存在，锚的属性也为空。对于 href 属性，还可以通过对其赋值来跳转到另外的页面，例如：

```
location.href = "新的页面链接";
```

这样就可以直接跳转到新的页面，和在 HTML 页面中使用<a>的超链接具有相同的效果。Location 对象还提供了两种方法可以使页面更新，分别如下。

1）reload()：能够刷新页面，和在浏览器中单击刷新按钮的效果相同。

2）replace(URL)：能够用新的 URL 页面来替换目前的页面，和在浏览器中输入新的页面并载入的效果相同。

这两种方法都能够在浏览器中更新页面，由于展示效果不明显，读者可以自己编写代码进行尝试。

4.3.4　History 对象

History 对象用于描述浏览器的浏览记录，History 对象能够把浏览的记录保存在一个队列当中，还可以支持页面的返回和前进。History 对象只有 length 属性，该属性能够返回当前浏览器窗口浏览过的网页的个数。History 对象的方法有三个，分别如下。

1）back：返回上一个页面，和浏览器中的后退按钮具有相同功能。

2）forward：进入下一个页面，和浏览器中的前进按钮具有相同功能。

3）go(n)：可以直接跳转到浏览器访问过的第 n 个页面。

History 对象的具体使用方法如下：

```
<!DOCTYPE html>
<html>
<head>
```

```
        <meta charset="utf-8">
        <title>History</title>
</head>
<body>
        <p>
                <button onclick="goBack()">后退</button>
                <button onclick="goFor()">前进</button>
        </p>
        <p>
                <input id="inputN" type="text">
                <button onclick="goToN()">去第 n 个页面</button>
        </p>
</body>
<script>
        function goBack() { // 后退
                history.back();
        }
        function goFor() { // 前进
                history.forward();
        }
        function goToN() { // 跳转到指定页面
                n = document.getElementById("inputN").value;
                if (isNaN(n)) {
                        console.log("不能为非数字");
                } else if (n > history.length || n <= 0) {
                        console.log("n 取值不对")
                } else {
                        history.go(n);
                }
        }
</script>
</html>
```

页面效果如图 4.17 所示。

图 4.17　页面效果 4.17

对于“前进”和“后退”这两个按钮，其效果和浏览器中的前进和后退按钮的效果相同；而对于“去第 n 个页面”按钮，则是使用了 go 方法，能跳转到输入值指定的页面。在代码中对输入值做了限定，首先其必须为数字，其次其必须为大于 0 而且小于 length 值的数，当输入不符合要求的值时，输出结果如图 4.18 所示。

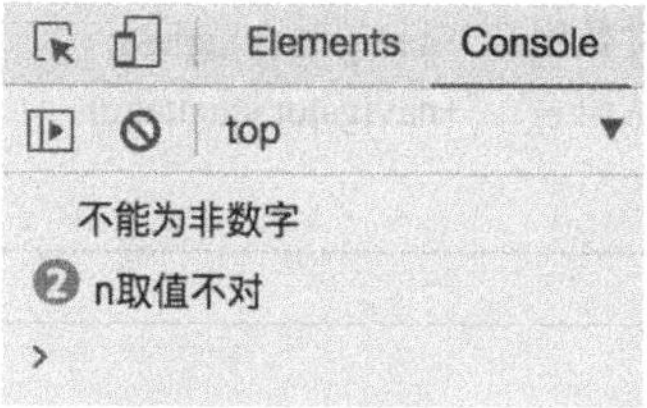

图 4.18　样例输出 4.18

由于效果很难用图片展示，建议读者自己编写代码对 History 对象的属性和方法的用法进行练习。

4.3.5　Navigator 对象

Navigator 对象用于描述用户的浏览器，其中包含浏览器的名称、版本、用户、插件等信息。使用 Navigator 对象时一般只是用其属性，因为 Navigator 对象没有常用的方法。Navigator 对象的属性中包含了用户的浏览器的属性，Navigator 对象的常用属性见表 4.3。

表 4.3　Navigator 对象的常用属性

属性名	属性描述
appName	返回浏览器的名称
appVersion	返回浏览器的版本号
appCodeName	返回浏览器的代码名
platform	返回浏览器的硬件平台信息
userAgent	返回用户代理的内容
cookieEnabled	返回浏览器是否支持 Cookie
plugins	返回浏览器的插件数组
language	返回浏览器的默认语言

在页面的 JavaScript 代码中使用这些属性时，返回的是访问该页面所使用的浏览器的信息，具体代码如下：

```
<!DOCTYPE html>
<html>
<head>
	<meta charset="utf-8">
	<title>Navigator</title>
</head>
<body>
</body>
<script>
	console.log("浏览器名称："+navigator.appName);
	console.log("浏览器版本号："+navigator.appVersion);
	console.log("浏览器代码名："+navigator.appCodeName);
	console.log("浏览器硬件平台："+navigator.platform);
	console.log("用户代理内容："+navigator.userAgent);
	console.log("浏览器是否支持 Cookie："+navigator.cookieEnabled);
```

```
        console.log("浏览器插件数组："+navigator.plugins);
        console.log("浏览器默认语言："+navigator.language);
    </script>
    </html>
```

输出如图 4.19 所示。

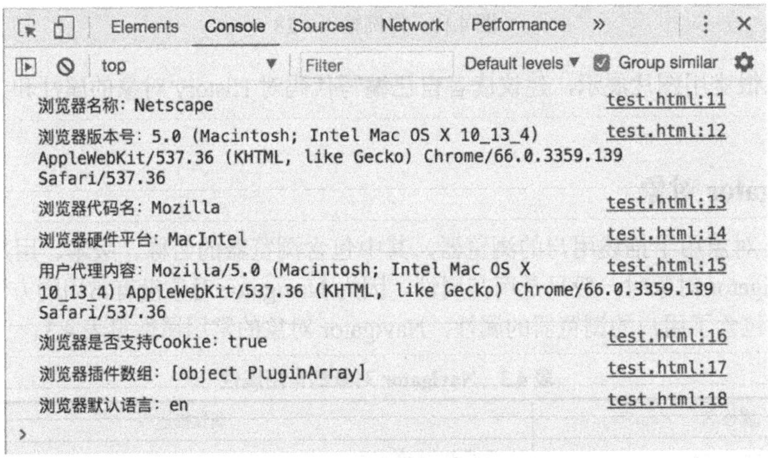

图 4.19　样例输出 4.19

从输出可以看到样例中所使用的浏览器的基本信息，当浏览器支持 Cookie 时 cookieEnabled 的返回值为 true，不支持时返回 false。需要注意的是，用户是可以自行修改浏览器的内容的，因此 Navigator 对象返回的内容不一定是真实的内容。

4.3.6 网页弹窗

我们平时浏览网页时，经常会遇到网页中的弹窗，这些弹窗有些是警告，有些是询问是否确认某项提交功能，有些还包含了输入框。这些网页的弹窗都是由 Window 对象的方法产生的，网页的弹窗对象一共包括 3 种：

1）警告弹窗：使用 window.alert("警告内容")调用，一般用于警告用户的某些操作，弹窗中只有一个“确定”按钮，单击后弹窗消失，Chrome 浏览器下的警告弹窗的样式如图 4.20 所示。

图 4.20　警告弹窗

2）确认弹窗：使用 window.confirm("确认内容")调用，一般用于在用户提交某项操作时提醒其是否确认提交。确认弹窗在 Chrome 浏览器中的样式如图 4.21 所示。

图 4.21　确认弹窗

弹窗中有一个“确定”按钮和一个“取消”按钮，当单击“确定”按钮时会返回 true，而单击“取消”按钮时则返回 false。使用确认弹窗的具体代码如下：

```
<!DOCTYPE html>
<html>
<head>
    <meta charset="utf-8">
    <title>Confirm</title>
</head>
<body>
    <p id="myP"></p>
</body>
<script>
    var myP = document.getElementById("myP");
    myP.innerHTML = confirm("这是一个确认弹窗");
</script>
</html>
```

当单击“确定”按钮时页面效果如图 4.22 所示。

图 4.22　页面效果 4.22

3）提示弹窗：使用 window.prompt("提示内容"[, "输入框占位符"])调用，一般在需要用户输入内容时使用，输入框占位符参数可以省略。提示弹窗在 Chrome 浏览器中的样式如图 4.23 所示。

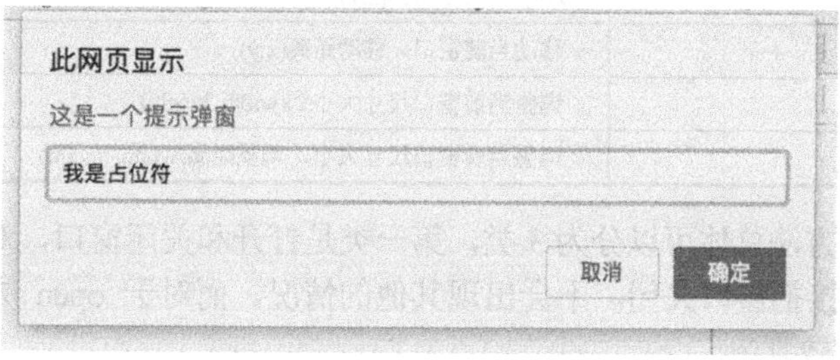

图 4.23　提示弹窗

弹窗中有一个输入框、一个“确定”按钮和一个“取消”按钮，当单击“确定”按钮时会返回输入框中内容，当输入框中没有内容时会返回空字符串；当单击“取消”按钮时返回 null 值。具体代码如下：

```
<!DOCTYPE html>
<html>
<head>
        <meta charset="utf-8">
        <title>Prompt</title>
</head>
<body>
        <p id="myP"></p>
</body>
<script>
        var myP = document.getElementById("myP");
        myP.innerHTML = prompt("这是一个提示弹窗","我是占位符");
</script>
</html>
```

当输入“输入内容”并单击“确定”按钮时，页面效果如图 4.24 所示。

图 4.24　页面效果 4.24

4.3.7　窗口操作

Window 对象代表的就是浏览器的窗口对象，因此其方法中包括了很多关于浏览器窗口的操作方法，Window 对象对浏览器窗口操作的常用方法见表 4.4。

表 4.4　Window 对象对浏览器窗口操作的常用方法

方法名	方法描述
open([url], [name], [features], [replace])	打开新窗口
close()	关闭当前窗口
moveTo(x,y)	移动当前窗口到(x,y)
moveBy(x,y)	移动当前窗口，移动距离(x,y)
resizeTo(width, height)	调整当前窗口尺寸大小到(width, height)
resizeBy(width, height)	调整当前窗口尺寸大小，调整距离(width, height)

表 4.4 中列出的方法总体可以分为 3 类，第一类是打开和关闭窗口，对于关闭当前窗口的情况，close()就是直接把窗口关闭，不会出现其他的情况。而对于 open 方法，根据其参数的不同出现的情况会比较复杂。

open 方法中的 4 个参数都是可以默认的，具体描述如下。

1）url：打开指定 URL 的网页，如果默认，则打开一个空白的网页。

2）name：打开指定名称的窗口，如果默认或者不存在，则在新窗口打开 URL。

3）features：设置打开窗口的属性，如果默认，则新打开的网页和原网页窗口属性相同。

4）replace：布尔值参数，是否覆盖浏览历史，true 表示覆盖浏览历史，false 表示不覆盖，默认为 false。

features 参数可以用来设置新打开窗口的属性，包括宽度、高度、是否显示工具栏等，其常用值见表 4.5。

表 4.5　features 参数的常用值

参数名	参数描述
width	打开窗口的宽度，单位为像素
height	打开窗口的高度，单位为像素
toolbar	打开的窗口是否显示工具栏，yes 表示显示，no 表示不显示
menubar	打开的窗口是否显示菜单栏，yes 表示显示，no 表示不显示
location	打开窗口是否显示地址栏，yes 表示显示，no 表示不显示
status	打开窗口是否显示状态栏，yes 表示显示，no 表示不显示
scrollbars	打开窗口是否显示滚动条，yes 表示显示，no 表示不显示
resizable	用户是否可以调整打开窗口的大小，yes 表示能，no 表示不能

用户可以通过这 4 个参数值的组合来实现想要实现的效果，例如：

open()用来表示打开空页面。

open("http://baidu.com", "google")用来表示打开名字为“google”的页面，如果不存在则打开百度首页。

open("http://baidu.com ","width=200")用来表示打开百度首页，设置其宽度为 200 像素。

open("test.html", true)用来表示打开“test.html”页面，并且覆盖浏览历史。

通过以上的组合方式，开发者可以根据需求自由组合 open 方法。由于该方法在 Chrome 浏览器中对浏览器窗口的设置无效，因此图片体现不出其效果，读者可以编写以上给出的示例代码，通过观察实际效果来理解这部分内容。

Window 对象操作的第二类方法是移动窗口的位置，其中 moveTo 和 moveBy 方法的参数的单位都是像素。两者的区别是，moveTo 表示移动后的窗口左上角位置就是(x, y)，而 moveBy 则表示移动后的窗口位置等于原位置坐标$+(x, y)$，例如：

moveTo(100, 100)表示把窗口向左上方向移动到(100, 100)点处；moveBy(100, 100)表示把窗口向右移动 100 像素，再向下移动 100 像素。

Window 对象操作的第三类方法就是改变窗口的大小，resizeTo 和 resizeBy 的区别与 moveTo 和 moveBy 的区别相同，“To”表示给出改变后的结果，“By”表示给出改变的多少，如下所示。

resizeTo(100, 100)表示把窗口调整到 100 像素×100 像素的大小；

reizeBy(100, 100)表示把窗口的宽度和高度都增加 100 像素。

这部分内容的图片展示效果都体现不出其变化的过程，请读者自行编码体验其效果。

4.3.8 计时事件

有时候需要让编写的代码在间隔一定的时间后才执行，例如在执行一系列特效时，两个特效之间要存在一个时间间隔。JavaScript 提供了一个能够延时执行代码的全局方法，这种方法被称为计时事件。

JavaScript 内置了两个计时事件的方法，如下所示。

setTimeout(回调函数, 间隔时间)：经过间隔时间（ms）后只执行一次函数中的代码；

setInterval(回调函数，间隔时间)：每经过一个间隔时间（ms）就执行一次函数中代码，无限循环“等待→执行→等待→执行”这一过程。

对于这两个函数的回调函数，采用两种写法中的任何一种都可以，具体示例代码如下：

```
function outFunc(){
  console.log("setTimeout");
}
setTimeout(outFunc,1000);
setInterval(function(){
  console.log("setInterval");
},1000);
```

7s 后的输出如图 4.25 所示。

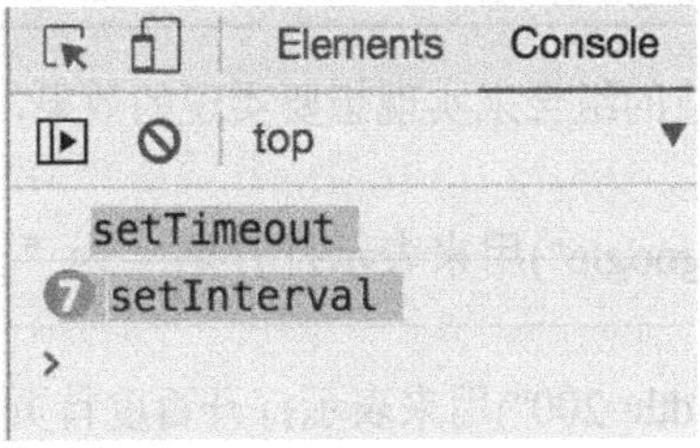

图 4.25　页面输出 4.25

从输出结果可以看出，“setTimeout”只输出了一次，而“setInterval”则是每秒钟输出一次，共输出了 7 次。但是对于这两个方法，尤其是 setInterval 方法只要网页处于打开状态，就会一直运行其回调函数；而对于 setTimeout 方法，如果在等待时间内不想执行其回调函数，也是没有办法停止的。为了解决这两个问题，JavaScript 给出了两个用于清除计时事件的函数：

```
clearInterval( Interval 事件 )
clearTimeout( Timeout 事件 )
```

这两种方法可以用于清除这两种计时事件，clearInterval 方法可以使 Interval 事件不再无限执行下去，而 clearTimeout 方法在 Timeout 事件的等待过程中调用时，就会取消 Timeout 事件的触发，即使到了事件触发的时间，其回调函数也不会被执行，具体代码如下：

```
function outFunc(){
      console.log("setTimeout");
}
var st = setTimeout(outFunc, 10000);
```

```
        var si = setInterval(function(){
            console.log("setInterval");
        },1000);
        setTimeout(function(){
            clearTimeout(st);
            clearInterval(si);
            console.log("end");
        }, 7000);
        setTimeout(function(){
            console.log("11 秒了");
        }, 11000);
```

11s 后的输出如图 4.26 所示。

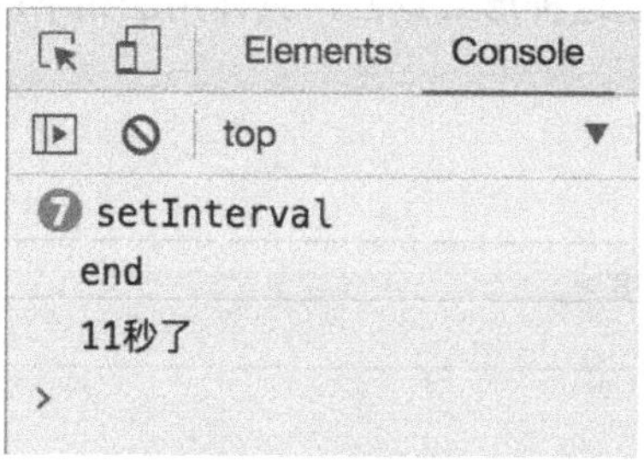

图 4.26　样例输出 4.26

从输出结果可以看出，7s 后 Interval 事件被清除，不再输出“setInterval”，而 Timeout 事件也被清除，所以即使过了 11s 也没有输出“setTimeout”。

4.4　Cookie

Cookie 是网页将某些信息存储在用户系统中的文件，当网页需要在客户端保存一些信息时，在以后访问时就会创建一个 Cookie，将信息内容保存以供下次使用。Cookie 使用最常见的应用场景就是在用户登录中，一般用户在登录网站后就会把登录时的用户名和密码保存在 Cookie 中，该用户在短时间内再次访问该网站时就不需要再进行登录操作。

Cookie 文件中的信息是以“属性名=属性值”的形式存储在文件中，但是每一个 Cookie 文件都有其固定的部分，Cookie 文件主要包括以下几部分。

- 名称：每个 Cookie 文件都会有一个特定的名称，通过名称来获取 Cookie 文件。
- 值：存放在 Cookie 文件中的值。
- 有效期：Cookie 文件通常不会永久保存，如果不设置有效期，用户在关闭浏览器后 Cookie 文件就会失效；设置了有效期后，则是过了有效期才会失效。
- 路径：对于 Cookie 文件，所有与生成 Cookie 文件的网页同一目录下的网页都可以访问，但如果希望别的目录下的网页也可以访问 Cookie 文件，就需要设置其路径，使其他网页也能够通过访问。
- 域：即使设置了路径，Cookie 文件也只能被当前域中的网页访问，而设置了域之后则可以被其他域中的网页访问。

- 安全性：如果不对 Cookie 文件进行加密，则其中的内容是用明码保存的，可以通过查看 Cookie 文件直接获取。当进行安全性设置后，Cookie 文件就只能在安全的协议中传递信息，例如 HTTPS。

4.4.1 创建和获取 Cookie

使用 document 中的 cookie 属性就可以直接获取 Cookie 中的内容，其内容以字符串的形式保存在 cookie 属性中，其字符串格式如下：

```
document.cookie = "name=value; [expires=date]; [path=path]; [domain=domain]; [secure]";
```

其中 name、value、expires、path、domain 和 secure 对应的部分分别是名称、值、有效期、路径、域和安全性。除了名称和值的部分不能省略，其余部分都可以省略。在读取 Cookie 中的内容时，结果也会以这种形式返回，具体用法如下：

```
<!DOCTYPE html>
<html>
<head>
    <meta charset="UTF-8">
</head>
<body>
  <p>
        <input type="text" id="cookieText">
    <button onclick="setCookie()">点我设置 Cookie</button>
  </p>
  <p id="showCookie"></p>
</body>
<script>
    function setCookie(){
    var textVal = document.getElementById("cookieText").value;
    document.cookie = "cookieName="+textVal+";expires=Thu, 10 May 2018 12:00:00 GMT; path=/";
    document.getElementById("showCookie").innerHTML = document.cookie;
    }
</script>
</html>
```

在输入框中输入“123”后单击“点我设置 Cookie”按钮，页面效果如图 4.27 所示。

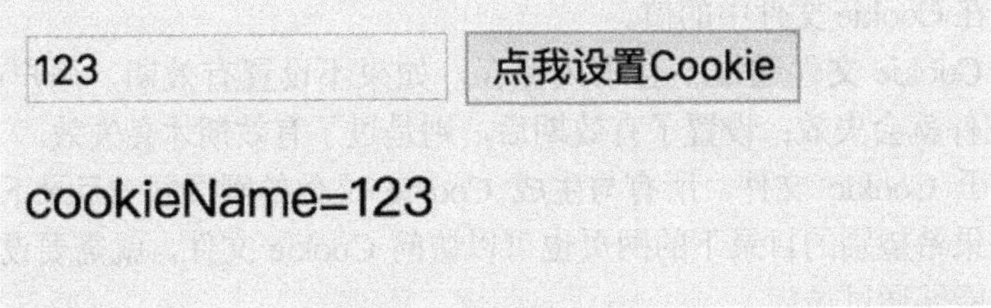

图 4.27 页面效果 4.27

在页面中输出的 Cookie 内容有其名称和值，如果想要在 Chrome 浏览器中查看其有效期和路径等内容，则需要在 Chrome 浏览器的 Cookie 功能中查看，其 Cookie 功能的详细信息如图 4.28 所示。

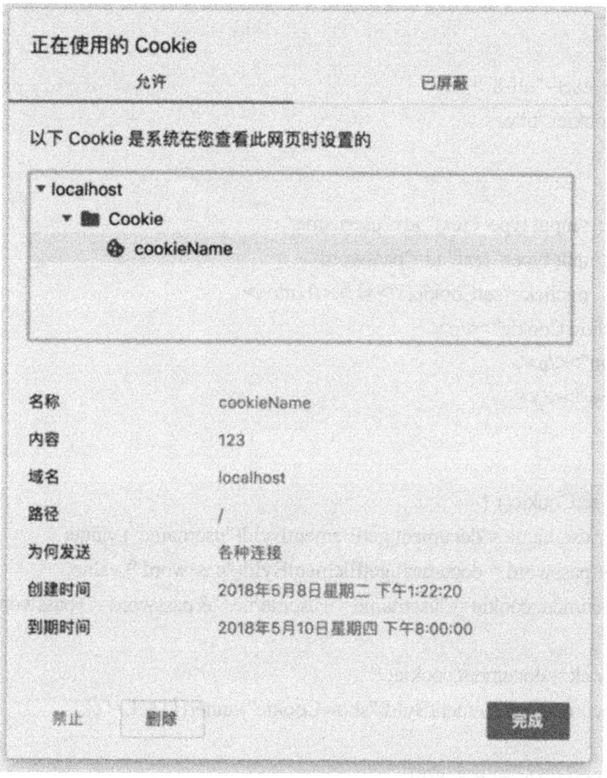

图 4.28　Cookie 功能的详细信息

在 Cookie 功能的详细信息中可以查看其路径和域名等内容，需要注意的是，因为 Cookie 是基于域名来存储的，因此不能直接使用本地的 HTML 页面文件来进行测试，只有放在服务器上才会生效。本示例就是采用本地服务器支持的页面，因此其域名为“localhost”。

4.4.2　使用 Cookie 存储多条信息

在上一节中介绍了 Cookie 的创建和获取，按上节中提供的方法，如果需要保存多条数据就要创建多个 Cookie。但是需要注意的是，每个域最多只能创建 20 个 Cookie，而且浏览器最多只能保存 300 个 Cookie。因此当需要保存的内容较多时，创建多个 Cookie 的方法并不可取。

当遇到需要存储多条 Cookie 数据的情况时，例如需要同时存储用户名和密码时，可以创建一个包含多个内容的 Cookie，使用“&”符号分割存储多条信息。但是需要注意的是，每个 Cookie 的最大尺寸是 4K，保存的数据量不能超过这个值，其写法如下：

```
document.cookie = "名称 1=值 1&名称 2=值 2&…&名称 n=值 n";
```

通过这种方式可以在一个 Cookie 中存储多条数据，当读取时也是以一整个字符串的形式返回，如果需要单独获取其中的某个数据，可以使用字符串分割或者检索的方法，具体示例代码如下：

```
<!DOCTYPE html>
<html>
<head>
    <meta charset="utf-8">
    <title>Cookie</title>
</head>
<body>
    用户名：<input type="text" id="username">
    密码：<input type="text" id="password">
    <button  onclick="setCookie()">登录</button>
    <p id="showCookie"></p>
    <p id="un"></p>
    <p id="pw"></p>
</body>
<script>
    function setCookie() {
        var username = document.getElementById("username").value;
        var password = document.getElementById("password").value;
        document.cookie = "username="+username+"&password="+password;

        var ck = document.cookie;
        document.getElementById("showCookie").innerHTML = ck;

        var un = ck.split('&')[0];
        var pw = ck.split('&')[1];
        document.getElementById("un").innerHTML = "用户名："+un.split('=')[1];
        document.getElementById("pw").innerHTML = "密码："+pw.split('=')[1];
    }
</script>
</html>
```

为方便效果展示，示例中密码没有使用密文输入。当输入用户名为“hhh”，输入密码为“123”时，页面效果如图 4.29 所示。

图 4.29　页面效果 4.29

通过使用字符串的 split 方法能够将获得的每个单独的名称和值配对，再使用一次就能够使名称和值分开，使用字符串的检索方法也可以获取每条信息的值。

4.4.3 删除 Cookie

如果需要删除 Cookie，利用其超过有效期会自动删除的特性，只要设置其有效期在当前时间之前就可以删除 Cookie，具体代码如下：

```
<!DOCTYPE html>
<html>
<head>
    <meta charset="utf-8">
    <title>Cookie</title>
</head>
<body>
    <p>
        <input type="text" id="cookieText">
        <button onclick="setCookie()">点我设置 Cookie</button>
    </p>
    <p id="showCookie">原来的内容</p>
</body>
<script>
    function setCookie() {
        var textVal = document.getElementById("cookieText").value;
        var expire = new Date();
        document.cookie = "cookieName=" + textVal + ";expires=Thu, 10 May 2018 12:00:00 GMT; path=/";
        deleteCookie();
        document.getElementById("showCookie").innerHTML = document.cookie;
    }

    function deleteCookie() {
        document.cookie = ";expires=Thu, 01 Jan 1970 00:00:00 GMT";
    }
</script>
</html>
```

在输入框中输入“123”后单击“点我设置 Cookie”按钮，页面效果如图 4.30 所示。

图 4.30　页面效果 4.30

从结果可以看到 document.cookie 中的值已经被清空了，通过这种将 Cookie 的有效期设置为过期的方法就能成功删除 Cookie。

4.5 JavaScript 实现简单动画样例

既然 JavaScript 能够操作 HTML 中的元素，那么如果在短时间内对某个元素进行一系列如放大缩小、移动位置等操作，则会令其看起来像动画一样。就如同我们看的视频一样，视频实际上也是由于许多图片在很短的时间内不断切换，当切换的速度超过人眼能够识别的速度时，我们在观看的时候就会感觉图片中的内容是在动的。一般来说，我们平时观看的大多数视频都是 30 帧每秒，即一秒钟有 30 张图片的切换，两张图片的间隔时间约为 33ms。因此可以通过使用计时事件中的 setInterval 方法，使页面中的元素每隔 33ms 发生一次变化，这样就可以实现像视频一样的动画效果了。

4.5.1 动画效果一：块元素平移

移动块元素（<div>）的方法很简单，只要设置其 CSS 代码中的位置就可以。因此只要编写一个 setInterval 方法的回调函数，在函数内容中让<div>元素的位置改变，然后将间隔时间设置在 33ms 以内就可以实现块元素的平移动画效果，具体代码如下：

```
<!DOCTYPE html>
<html>
  <head>
    <meta charset="utf-8">
    <title>MoveDiv</title>
  </head>
  <body>
    <div id="myDiv" style="width: 100px;height: 100px;background-color: black;position:   absolute;left:
0"></div>
  </body>
  <script>
    var myDiv = document.getElementById("myDiv");
    var left = 0;
     // 执行动画函数
    var go = setInterval(function(){
      left += 1;
      myDiv.style.left = left+"px";
      if (left > 100) {
        clearInterval(go); // 停止移动，清除 Interval
      }
    },30);
  </script>
</html>
```

页面加载成功后，块元素就开始缓慢向右移动，经过一段时间后，块元素的位置如图 4.31 所示。

图 4.31　页面效果 4.31

从 HTML 代码可以看出，块元素的初始位置是紧贴页面的左侧，经过一段时间的不断平移后，其位置从最左侧移动了一段距离。而且其整个动作是连贯的，是类似于视频的效果，并不是位置突然发生改变。通过修改间隔时间还可以控制块元素的移动速度，间隔时间越短，速度越快，间隔越长则越慢，但是间隔时间尽量不要超过 33ms，否则会影响视觉的流畅度。在代码中，还设置了清除 Interval 事件的条件，能够使块元素在移动一定距离后自行停止移动。读者可以通过编码练习，尝试在页面中移动各种 HTML 元素。

4.5.2　动画效果二：字体闪烁

有了动画效果一的经验，字体闪烁也是可以用很简单的办法来实现的。字体闪烁就是使字体不断由亮变暗，再由暗变亮，只是间隔时间比较短，看起来具有闪烁的效果，实际上就是 CSS 代码中 font-weight 样式的变化。同样可以通过使用 setInterval 方法来实现字体闪烁，具体代码如下：

```
<!DOCTYPE html>
<html>
  <head>
    <meta charset="utf-8">
    <title>Twinkle</title>
  </head>
  <body>
    <p id="myP">闪烁字体</p>
    <p>不闪烁字体</p>
  </body>
  <script>
    var myP = document.getElementById("myP");

    var go = setInterval(function() {
      // 如果字体是 100 则设为 700，否则设为 100
      if (myP.style.fontWeight == 100) {
        myP.style.fontWeight = 700;
      } else {
        myP.style.fontWeight = 100;
```

```
        }
    }, 100); // 每隔 100ms 触发一次

    setTimeout(function(){ // 20s 后清除动画
        clearInterval(go);
    },20000)
  </script>
</html>
```

页面加载成功后，“闪烁字体”文字就开始保持闪烁，经过 20s 后闪烁停止，闪烁时的截图如图 4.32 所示。

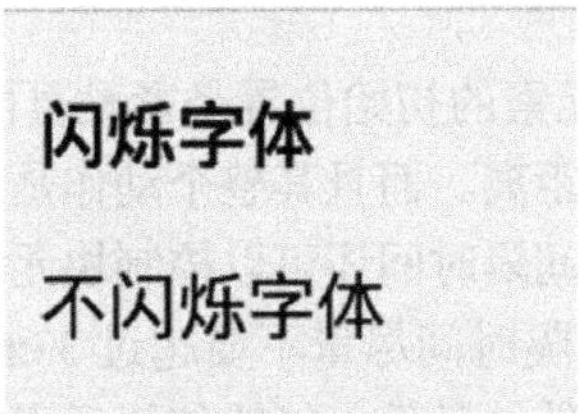

图 4.32　页面效果 4.32

最初，两段文字都为正常的粗细，在闪烁过程中，“闪烁字体”一直处在重复变粗和变细的过程，因此在视觉中就会产生闪烁的效果。需要注意的是，此时的事件发生间隔需要比移动滑块时长一些，因为需要人眼能够清楚地捕捉到闪烁的过程。

4.5.3　动画效果三：进度条

在很多网页或者程序中，我们经常会看到进度条的存在，表示网页或程序加载了多少。而在实际使用进度条的时候，是根据资源的加载数目来确定当前进度位置的，但是其运动过程还是保持动态。进度条的实现方法与块元素平移相似，只是它是修改元素自身的宽度而不是位置。具体代码如下：

```
<!DOCTYPE html>
<html>
  <head>
    <meta charset="utf-8">
    <title>progressBar</title>
  </head>
  <body>
    <div style="border: 1px solid #000000;height: 50px;width: 420px">
      <div id="myDiv" style="width: 0;height: 100%;background-color: #000000"></div>
    </div>
  </body>
  <script>
    var myDiv = document.getElementById("myDiv");
    var wid = 0;
    var go = setInterval(function() {
```

```
            wid += 1;
            myDiv.style.width = wid + "px";
            if (wid >= 420) { // 当超过 420px 时，清除 Interval 事件
                clearInterval(go);
            }
        }, 30); // 每隔 30ms 执行一次进度条设置
    </script>
</html>
```

页面加载成功后，进度条就会缓慢向右填充，即内部块元素的宽度不断增加，经过一段时间后的截图如图 4.33 所示。

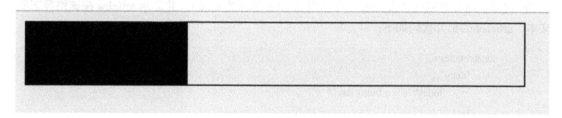

图 4.33　页面效果 4.33

当进度条读满时，就会清除 Interval 事件，然后得到一个 100%进度的进度条。在实际使用时会根据读取资源数的百分比设置断点，当进度条读到某个位置时暂停，等待资源加载，加载后再继续向前读取。

对于 JavaScript 来说，产生的页面动态效果的原理都是相同的，即利用 setInterval 事件，在肉眼难以分辨的间隔下，对某个元素的 CSS 代码或者其他能够显示在页面中的内容进行修改，来得到一个动画的效果。读者可以根据自己的喜好，练习创建不同种类的 JavaScript 动画效果。

小结

本章主要介绍了如何利用 JavaScript 生成动态的页面，包括 JavaScript 的两大对象模型 DOM 和 BOM、事件驱动、Cookie、表单验证和动画效果。这部分内容是在实际的开发中应用最多的，是 JavaScript 最重要的部分，读者务必根据示例代码勤加练习，并尝试自己设计网页，利用介绍的知识来实现一些功能。

习题

1. 一个简单的路由基本设置为：location.href 只有锚点部分改变时，不会导致页面重新载入，而会触发类型名为“hashchange”的事件并派发给 document.body，事件实例的属性 oldURL、newURL 分别用来存储旧的和新的 URL。

以下是通过这一知识点创建的简单的路由。

```
<a href="#/article/1">文章 1</a><br>
```

```
<a href="#/article/2">文章 2</a>
<div id="content"></div>
<script>
    articles=["第一篇文章","第二篇文章"];
    document.body.onhashchange=function(e){
        console.log(e.oldURL,e.newURL);
        content.innerText=articles[parseInt(e.newURL.split('#')[1].split('/').pop())];
    }
</script>
```

试通过上例创建一个更复杂的路由，使得在地址栏输入复杂地址后，可以在 id 为 content 的 div 内显示路径对应的多级列表（可以用 ul 和 li 等标签实现），并显示 articles 在该路径下的文本，articles 的部分代码如下：

```
const articles={
    "diary":{
        'today': 'it is a funny day! '
    },
    "program":{
        "algorithm":"algorithm is too hard! "
    }
}
```

2. 判断下列说法的正误。

（1）有些 Node 对象在文档中并没有对应的标签。

（2）DOM 同时有 Node 树和 HTMLElement 树两棵树，可以分别使用不同的 API 访问它们。

3. DOM 事件模型分为冒泡模型和捕获模型两种。冒泡模型内的事件从目标元素逐步向外冒泡到 Window 对象，捕获模型内的事件从 Window 对象逐步被捕获一直传递到目标元素，事件监听器只能设置其中一种模型，但是事件传播的阶段依次为 0 未分派、1 捕获、2 目标、3 冒泡。同一元素的事件捕获函数中，先设置的事件捕获函数先被调用。

现有一段代码如下：

```
<div id="A" style="width:300px;height:300px;background-color:blue; ">
    <div id="B" style="width:100px;height:100px;background-color:red; ">
    </div>
</div>
<script>
    A.addEventListener('click',a,true);
    A.addEventListener('click',b,false);
    B.addEventListener('click',c,true);
    B.addEventListener('click',d,false);
    function a(e){
    }
    function b(e){
    }
    function c(e){
```

```
        }
        function d(e){
        }
</script>
```

（1）试写出 B.click()发生时的捕获函数的调用顺序。

（2）现改写为以下代码：

```
function c(e){
    e.stopPropagation();
}
```

那么 a、b、c、d 哪些会被调用？调用顺序是什么？

（3）现改写为以下代码：

```
function c(e){
    e.stopImmediatePropagation();
}
```

那么 a、b、c、d 哪些会被调用？调用顺序是什么？

4. 对 document.cookie 进行如下操作(GMT 格式的时间字符串可以通过 new Date(Date.now()+和现在相隔的微秒数).toString()获取)。

document.cookie 读访问器获取到的内容为："a=3;b=4;c=5"，请写入以下几条键值对。

（1）添加 a=100，且要求此条键值对只能通过 HTTPS 传输。

（2）写入 d=hello，且 expires 为 2020 年 1 月 1 日 12 时 0 分。

（3）删除 a。

第 5 章　jQuery 及 JavaScript 的其他类库

本章先向读者介绍 jQuery 框架的内容和安装方法，然后讲述如何使用 jQuery 获取页面中的元素以及 jQuery 常用方法的具体使用，并给出示例代码，将之前给出的 JavaScript 代码改写成简短的 jQuery 代码。最后介绍 JavaScript 的其他常见类库。

本章学习目标

- 了解 jQuery 框架的内容。
- 学习如何在页面中引入 jQuery。
- 学习使用 jQuery 获取页面中元素的方法。
- 熟悉 jQuery 的常用方法。
- 能够把复杂的原生 JavaScript 代码改写成 jQuery 代码。
- 了解 JavaScript 的其他类库。

5.1　jQuery 概述

5.1.1　jQuery 的简介

简单来说，jQuery 就是一个 JavaScript 的第三方函数库，也是由 JavaScript 编写的。实际上可以认为 jQuery 就是一个 JavaScript 文件，可以在 HTML 页面中引用后使用，而这个文件中有大量的函数可以被直接调用，这些函数普遍的特点就是简短且功能强大。

在平时编写 JavaScript 代码时，如果需要获取页面中的某个元素并修改其属性，往往需要写很长的代码，例如：document.getElementById("id").innerHTML="text"，而实际上这么长的代码只是为了修改一个元素的文本内容。而 jQuery 能够使我们节省很多字符却实现相同的功能，尤其是对于在 JavaScript 编程中经常能够使用到的代码段，jQuery 都能用一个方法直接替代冗长而又经常重复出现的 JavaScript 代码。

除了能够节省代码量以外，jQuery 还提供了很多很强大的功能函数，例如在第 4 章中提到的 JavaScript 动画效果。在 jQuery 中有专门用来实现这部分功能的方法，既能够节省代码量，又不用再去绞尽脑汁想某些功能的实现方法。

5.1.2　jQuery 的安装

jQuery 实际上只是一个 JavaScript 文件，因此只要将其文件下载下来后，在 HTML 页面中使用<script>的 src 属性引用就可以了。jQuery 的文件可以在 jQuery 官网（https://jQuery.com）上下载，在下载时网站中提供了以下两个版本。

1）Production jQuery：实际使用版本，这个版本的文件经过了压缩和精简，一般用于已经上线的网站中。

2）Development jQuery：开发过程中使用的版本，这个版本的文件中的代码没有经过压缩，是可读的。

在学习阶段，推荐读者下载 Development 版本，对于不了解的方法，可以直接阅读其文件中的源代码来学习。

下载后的 jQuery 文件，一般文件名为“jQuery-版本号.js”，本书使用的版本号为 3.3.1，因此 jQuery 文件的文件名为“jQuery-3.3.1.js”。将 JavaScript 文件下载到本地后，就可以在 HTML 页面中直接引用了，例如：

```
<script src="jQuery-3.3.1.js"></script>
```

然后就可以在该 HTML 文件的 JavaScript 代码中调用 jQuery 的方法了。需要注意的是，src 属性指的是相对于当前目录的文件，如果 jQuery 文件不在 HTML 的当前目录中，还需要在前面添加路径才能引用。

除了将 jQuery 文件下载到本地外，还可以通过内容分发网络（Content Delivery Network，CDN）来获取，例如，在 HTML 页面中通过 Google CDN 来获取 jQuery 文件：

```
<script src = "http://ajax.googleapis.com/ajax/libs/jQuery/3.3.1/jQuery.min.js">
```

但是在学习过程中，不推荐这么做，因为使用这种方式获取的 jQuery 不能直接查看 jQuery 代码。

5.2 jQuery 操作元素

5.2.1 jQuery 获取元素

使用 DOM 在 HTML 页面获取元素，每次都需要使用 Document 对象和其中查找元素的方法名，这些方法名往往很长而且重复性很强。在 jQuery 中定义了一个很简洁的函数：

```
$("选择器")
```

通过这个简单的“$”符号表示的函数就可以获取 HTML 中的元素，而且其中包含 DOM 中多种获取元素的方式。其中选择器代表了获取元素的方式，其原理类似于 CSS 代码中获取元素的方式，选择器有以下 5 种情况。

1）元素选择器：选择器中直接写入元素标签名，例如，$("div")为获取所有页面中的 <div>元素，并以数组的形式返回，顺序为元素在页面中的出现顺序，效果相当于 document.getElementsByTagName("div")，具体代码如下：

```
<!DOCTYPE html>
<html>
  <head>
    <meta charset="utf-8">
    <title>element selector</title>
    <script src="http://ajax.googleapis.com/ajax/libs/jQuery/3.3.1/jQuery.min.js"></script>
```

```
</head>
<body>
  <div id="div1">div1</div>
  <div id="div2">div2</div>
  <div id="div2">div3</div>
</body>
<script>
  console.log($("div"));
  console.log($("div")[0]);
  console.log(document.getElementsByTagName("div"));
  console.log(document.getElementsByTagName("div")[0]);
</script>
</html>
```

输出如图 5.1 所示。

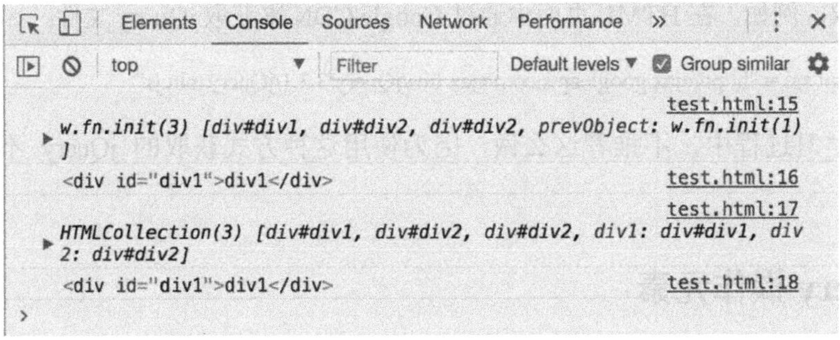

图 5.1　样例输出 5.1

2）id 选择器：通过元素的 id 来获取 HTML 文件中的元素，写法是在 id 前加“#”符号，类似于 CSS 中选择 id 来指定 CSS 样式的方法。例如，$("#testId")就是选择元素 id 等于“testId”的元素，效果相当于 document.getElementById("testId")，具体代码如下：

```
<!DOCTYPE html>
<html>
    <head>
        <meta charset="utf-8">
        <title>id selector</title>
        <script src="http://ajax.googleapis.com/ajax/libs/jQuery/3.3.1/jQuery.min.js"></script>
    </head>
    <body>
        <div id="div1">div1</div>
        <div id="div2">div2</div>
    </body>
    <script>
        console.log($("#div1"));
        console.log($("#div2"));
        console.log(document.getElementById("div1"));
        console.log(document.getElementById("div2"));
```

```
    </script>
</html>
```

输出如图 5.2 所示。

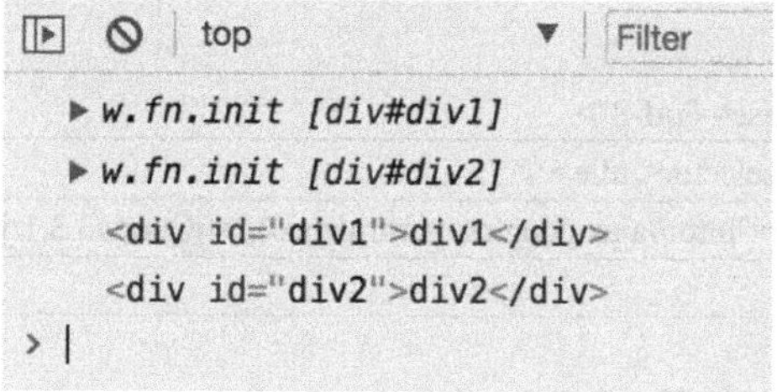

图 5.2　样例输出 5.2

3）类名选择器：通过元素的 class 属性来获取 HTML 文档中所有具有指定 class 属性的元素，并以数组的形式返回，顺序为元素在页面中的出现顺序，写法是在 class 前加“.”符号，和 CSS 中的 class 选择器类似。例如，$(".testClass")就是选择所有 class 属性为“testClass”的元素，效果相当于 document.getElementsByClassName("testClass")，具体代码如下：

```
<!DOCTYPE html>
<html>
    <head>
        <meta charset="utf-8">
        <title>id selector</title>
        <script src="http://ajax.googleapis.com/ajax/libs/jQuery/3.3.1/jQuery.min.js"></script>
    </head>
    <body>
        <div class="testClass">div1</div>
        <p class="testClass">p1</p>>
    </body>
    <script>
        console.log($(".testClass"));
        console.log($(".testClass")[1]);
        console.log(g);
        console.log(document.getElementsByClassName("testClass")[1]);
    </script>
</html>
```

输出如图 5.3 所示。

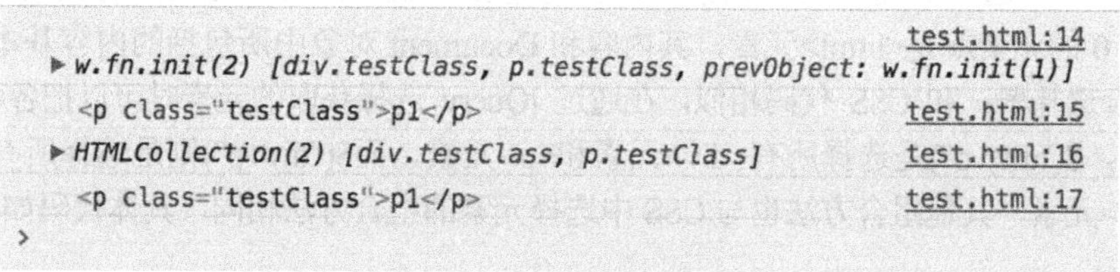

图 5.3　样例输出 5.3

4）所有元素选择器：能够选择页面中的所有元素，写法是$("*")，顺序为元素在页面中的出现顺序，具体代码如下：

```
<!DOCTYPE html>
<html>
    <head>
        <meta charset="utf-8">
        <title>css selector</title>
        <script src="http://ajax.googleapis.com/ajax/libs/jQuery/3.3.1/jQuery.min.js"></script>
    </head>
    <body>
        <div class="testClass">div1</div>
        <p class="testClass">p1</p>
        <h1 id="h1"></h1>
    </body>
    <script>
        console.log($("*"));
        console.log($("*")[8]);
        console.log($("*")[0]);
        console.log(document);
    </script>
</html>
```

输出如图 5.4 所示。

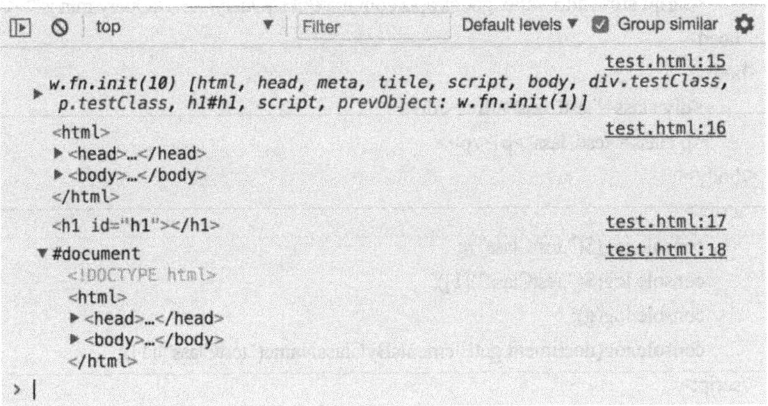

图 5.4　样例输出 5.4

使用“*”来选择页面中所有元素时，会将包括<html>元素在内的所有元素都选择。其中，下标为 0 的元素就是<html>元素，其内容和 Document 对象中所包括的内容基本相同。

5）组合选择器：和 CSS 代码相似，在通过 jQuery 选择获取的元素时可以把各种条件组合使用。例如，$("div, p")是选择所有<div>元素和<p>元素，而$("div>p")则是选择所有位于<div>元素中的<p>元素，其他组合方法也与 CSS 中选择元素的组合方法相同，具体代码如下：

```
<!DOCTYPE html>
<html>
```

```
    <head>
        <meta charset="utf-8">
        <title>all selector</title>
        <script src="http://ajax.googleapis.com/ajax/libs/jQuery/3.3.1/jQuery.min.js"></script>
    </head>
    <body>
        <div>
        <p>p1</p>
        </div>
        <p>p2</p>
    </body>
    <script>
        console.log($("div, p"));
        console.log($("div>p"));
    </script>
</html>
```

输出如图 5.5 所示。

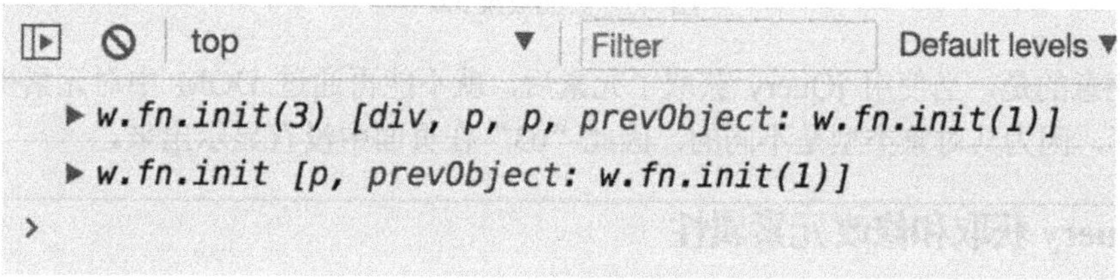

图 5.5　样例输出 5.5

5.2.2　jQuery 获取和修改文本内容

在 DOM 中，在获取了元素后可以对其文本内容进行访问和修改，使用的方法是访问和修改元素的 innerHTML 属性。而在 jQuery 中，修改元素的内容则是通过元素的 html("文本内容") 方法来实现的，当省略 html 方法的参数时，则是获取其文本内容，具体代码如下：

```
<!DOCTYPE html>
<html>
    <head>
        <meta charset="utf-8">
        <title>changeText</title>
        <script src="http://ajax.googleapis.com/ajax/libs/jQuery/3.3.1/jQuery.min.js"></script>
    </head>
    <body>
        <p id="p1"></p>
        <p id="p2"></p>
        <p id="p3"></p>
        <p id="p4"></p>
    </body>
```

```
        <script>
            document.getElementById("p1").innerHTML="我是 p1";
            $("#p2").html("我是 p2");
            $("#p3").innerHTML = "我是 p3";        // 错误用法
            $("#p4").html($("#p2").html());
        </script>
    </html>
```

页面效果如图 5.6 所示。

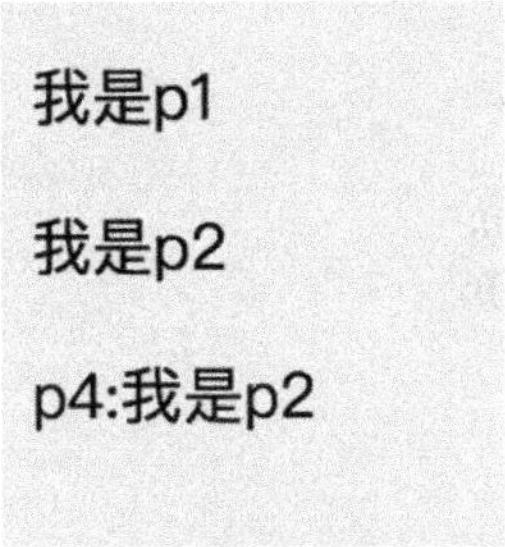

图 5.6　页面效果 5.6

需要注意的是，当使用 jQuery 获取了元素后，就不能再通过 DOM 中对元素操作的方法进行操作了，因为其对象类型是不同的，因此“p3”在页面中没有显示出来。

5.2.3　jQuery 获取和修改元素属性

在 DOM 中，在获取了元素后可以对其属性进行访问和修改，而在 jQuery 中修改元素的属性是通过使用元素的 attr("属性名", "属性值")方法来实现的。当 attr("属性名")方法只包含一个属性名参数时，则是获取其属性值，具体代码如下：

```
    <!DOCTYPE html>
    <html>
        <head>
            <meta charset="utf-8">
            <title>changtAttr</title>
            <script src="http://ajax.googleapis.com/ajax/libs/jQuery/3.3.1/jQuery.min.js"></script>
        </head>
        <body>
            <p id="p1" name="p1"></p>
            <p id="p2" style="font-size: 20px"></p>
            <p id="p3"></p>
        </body>
        <script>
            // 设置属性
        console.log(document.getElementById("p1").getAttribute("name"));
            document.getElementById("p2").setAttribute("name","p2");
            console.log($("#p2").attr("style"));
            console.log($("#p2").attr("name"));
```

```
        $("#p3").attr("name","p3");
    console.log(document.getElementById("p3").getAttribute("name"));
    </script>
</html>
```

输出如图 5.7 所示。

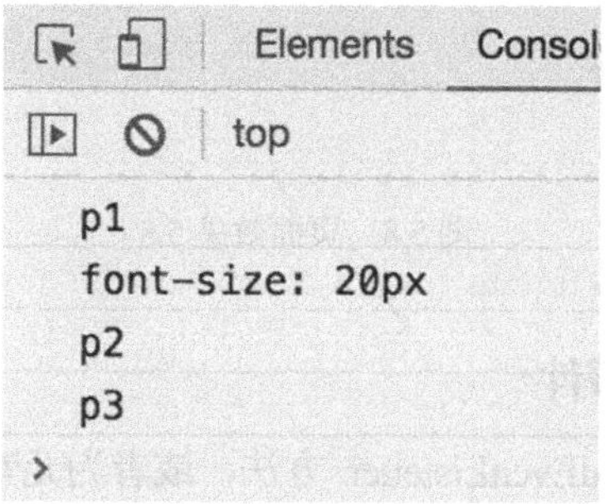

图 5.7　样例输出 5.7

5.2.4　jQuery 修改元素 CSS 样式

利用 DOM 可以在获取元素后对其 CSS 样式进行访问和修改，这个功能在 jQuery 中同样存在，而且依然保持着用较短的代码就可以实现的特点。在 jQuery 中修改元素的 CSS 样式是通过使用元素的 css("样式名", "样式值")方法来实现的，当 css("样式名")方法只包含一个参数时，则是获取该 CSS 样式值，具体代码如下：

```
<!DOCTYPE html>
<html>
    <head>
        <meta charset="utf-8">
        <title>changeCSS</title>
        <script src="http://ajax.googleapis.com/ajax/libs/jQuery/3.3.1/jQuery.min.js"></script>
    </head>
    <body>
        <p>默认样式段落</p>
        <p id="p1">修改样式段落 1</p>
        <p id="p2">修改样式段落 2</p>
    </body>
    <script>
        document.getElementById("p1").style.fontSize = "30px";
        $("#p2").html($("#p1").css("font-size")); // 设置样式
        $("#p2").css("font-size","5px");
    </script>
</html>
```

页面效果如图 5.8 所示。

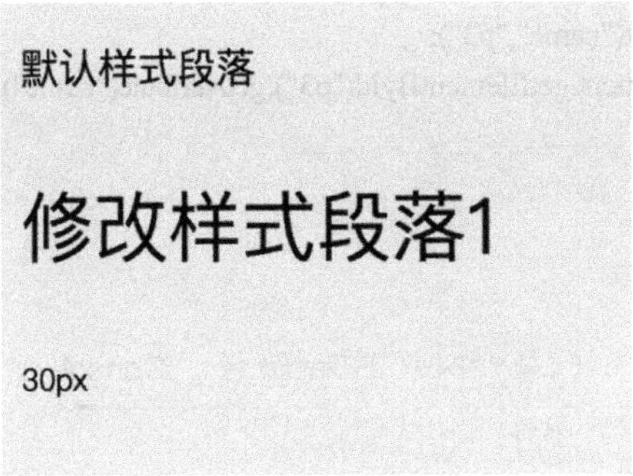

图 5.8　页面效果 5.8

5.2.5　jQuery 为元素绑定事件

在 DOM 中，可以使用 addEvenListener 方法，或者为元素的事件属性添加方法，从而为元素添加响应事件，在 jQuery 中同样存在对应的方法可以完成这个功能，而且方法名也更简洁。例如，$("#btn").click(回调函数)，就是为一个 id 为“btn”的<button>元素添加单击响应事件，具体代码如下：

```
<!DOCTYPE html>
<html>
    <head>
        <meta charset="utf-8">
        <title>Event</title>
        <script src="http://ajax.googleapis.com/ajax/libs/jQuery/3.3.1/jQuery.min.js"></script>
    </head>
    <body>
        <p id="p1"></p>
        <button id="btn">点我</button>
    </body>
    <script>
        $("#btn").click(function(){ // id 为 btn 的元素添加单击事件
        $("#p1").html("单击后出现字段");
        });
    </script>
</html>
```

单击“点我”按钮后页面效果如图 5.9 所示。

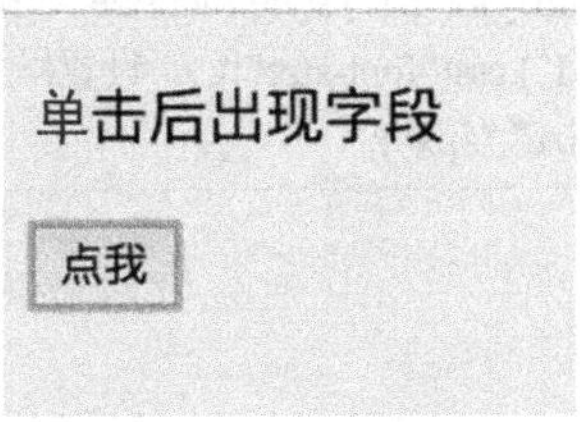

图 5.9　页面效果 5.9

在 jQuery 中，事件的类型和原生的 JavaScript 是相同的，在使用时，事件类型前不需要加“on”，这一点和 addEvenListener 方法相同。

5.3 jQuery 页面效果

5.3.1 隐藏/显示元素

在不使用 jQuery 的情况下，如果想要隐藏某个元素，则需要修改元素的 CSS 样式中的“display”属性，这种方法显得十分烦琐，而在 jQuery 中定义了两个方法 hide()和 show()，它们能够非常方便地隐藏或者显示元素，具体用法如下：

```
<!DOCTYPE html>
<html>
    <head>
        <meta charset="utf-8">
        <title>hide/show</title>
        <script src="http://ajax.googleapis.com/ajax/libs/jQuery/3.3.1/jQuery.min.js"></script>
    </head>
    <body>
        <p id="p1" style="display: none">p1</p>
        <p id="p2">p2</p>
    </body>
    <script>
        $("#p1").show(); // 显示
        $("#p2").hide(); // 隐藏
    </script>
</html>
```

页面效果如图 5.10 所示。

图 5.10　页面效果 5.10

其中，在 HTML 页面中原本应该隐藏的 p1 由于 show 方法显示了出来，而本应显示的 p2 则因为 hide 方法隐藏了起来。

5.3.2 渐入/淡出效果

在上一节中，我们介绍了如何使用 jQuery 来隐藏或者显示元素，这种情况只是相当于修改了元素的 CSS 样式。jQuery 提供的 show 和 hide 方法是可以附带参数的，参数为毫秒，如果附带了参数则表示是在一段时间内完成隐藏或者显示的过程，具体代码如下：

```
<!DOCTYPE html>
<html>
    <head>
        <meta charset="utf-8">
        <title>hide/show</title>
        <script src="http://ajax.googleapis.com/ajax/libs/jQuery/3.3.1/jQuery.min.js"></script>
    </head>
    <body>
        <p id="p">段落中的内容</p>
        <button id="btn">点我消失/显示</button>
    </body>
    <script>
        $("#btn").click(function() { // btn 按钮绑定单击事件
            if($("#p").css("display") == "none") { // 若 p 标签隐藏
                $("#p").show(1000); // 1s 内逐渐显示
            } else{
                $("#p").hide(1000); // 1s 内逐渐隐藏
            }
        })
    </script>
</html>
```

在隐藏的过程中，页面效果如图 5.11 所示。

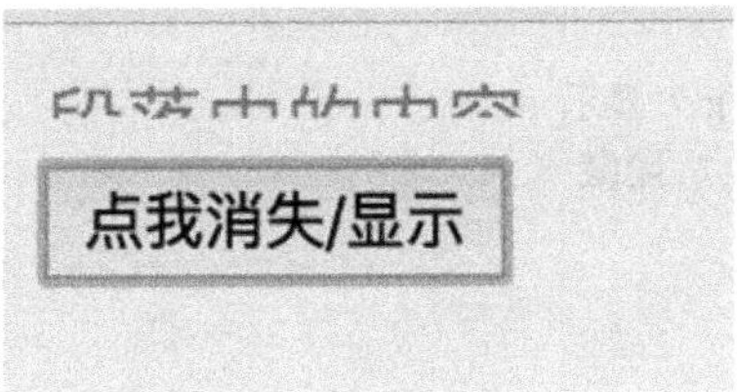

图 5.11　页面效果 5.11

在单击“点我消失/显示”按钮后，<p>元素会渐渐消失或者显示，其间会有 1s 渐入或淡出的过程，而不是直接消失。

5.3.3　jQuery 动画效果

我们在前面介绍了如何使用原生的 JavaScript 来实现动画效果，而在 jQuery 中则直接提供了产生动画效果的方法，其原理与前面介绍的相同，只是不再需要编写方法的代码去产生动态效果，直接调用就可以，例如上一节中的渐入和淡出效果就是 jQuery 提供的一种动画效果。

jQuery 提供了自定义动画的方法，其写法如下：

```
animate(元素 CSS 参数, [间隔时间], [回调函数]);
```

元素 CSS 参数指的是目标 CSS 样式，即动画结束时的 CSS 样式，其中元素的 CSS 参数以{样式名 1:"样式值 1"; 样式名 2:"样式值 2";…}的形式给出，例如{left: "100px"; back-ground:

"black"}，间隔时间参数代表完成这个动画所需要的时间，其可以省略，间隔越短，速度越快。回调函数给出了在动画结束时的操作方法，也可以省略。用 jQuery 来实现块元素平移的代码相当简洁，具体代码如下：

```
<!DOCTYPE html>
<html>
    <head>
        <meta charset="utf-8">
        <script src="http://ajax.googleapis.com/ajax/libs/jQuery/3.3.1/jQuery.min.js"></script>
    </head>
    <body>
        <div id="myDiv" style="width: 100px;height: 100px;background-color: black;position: absolute;left: 0">
        </div>
    </body>
    <script>
        $("#myDiv").animate({left:"100px"},3000, ); // 动画特效
    </script>
</html>
```

在以上代码中只需要一行代码就能实现之前的平移效果，当完成动画效果后根据回调函数中的内容，会出现提示框，此时页面效果如图 5.12 所示。

图 5.12　页面效果 5.12

5.3.4　jQuery 组合动画效果

我们在上一节中介绍了如何使用 jQuery 产生动画效果，如果需要使用 jQuery 完成一套组合动画流程，例如在块元素向右平移了 100 像素后再向下平移 100 像素，此时可以通过两种方法来实现。第一种是在 animate 方法后面再加一个 animate 方法，这样就可以在第一个 animate 方法结束后直接进入第二个 animate 方法，具体代码如下：

```
<!DOCTYPE html>
<html>
    <head>
        <meta charset="utf-8"> <title>MoveDiv</title>
        <script src="http://ajax.googleapis.com/ajax/libs/jQuery/3.3.1/jQuery.min.js"></script>
```

```
        </head>
        <body>
                <div id="myDiv" style="width: 100px;height: 100px;background-color: black;position:
absolute;left: 0"></div>
        </body>
        <script>
        // id 为 myDiv 的元素添加两个动画，第一个动画执行结束后进入第二个动画
        $("#myDiv").animate({left:"100px"},3000).animate({top:"100px"},1000);
        </script>
</html>
```

第二种方法是通过回调函数来实现，因为在动画结束后会自动调用 animate 的回调函数，因此可以把新的 animate 方法写在回调函数中，具体代码如下：

```
$("#myDiv").animate({left:"100px"}, 3000, function() {
        $(this).animate({top:"100px"},1000);
});
```

整个动画流程结束后，块元素位置如图 5.13 所示。

图 5.13　页面效果 5.13

5.3.5　jQuery AJAX

在通过 JavaScript 向服务端发送请求时，每次都需要用很多代码去创建和初始化 XMLHttpRequest 对象，而且发送 HTTP 请求和响应时也要编写相应的代码，实际上在固定的格式上浪费了大量代码。而真正属于开发者自己编写的，只有发送请求的种类、响应函数等内容。为了解决每次使用都需要编写大量格式代码的问题，jQuery 提供了一个十分简单且有效的方法来实现 AJAX，使用 jQuery 的$.ajax()方法就可以直接实现 AJAX 的整个过程，其具体写法如下：

```
$.ajax({
        参数 1：值 1,
        参数 2：值 2,
```

```
    …
    参数 n：值 n
});
```

其中包括一个包裹在“{}”中的参数集，参数集的所有参数都是可选的，参数的详细内容见表 5.1。

表 5.1　jQuery AJAX 方法参数

参数名	值类型	参数说明
url	String	发送请求的地址
type	String	发送请求的类型（get 或 post），默认为 get
timeout	Number	超时时间
data	String/Object	发送到服务器的数据
dataType	String	预期服务器返回的数据类型（XML/HTML/Script/JSON/JSONP/Text）
beforeSend	Function	发送请求前修改的 XMLHttpRequest 的函数
complete	Function	请求完成后的回调函数
success	Function	请求成功后的回调函数
error	Function	请求失败后的回调函数
global	Boolean	是否触发全局 AJAX 时间，默认为 true

这些参数可以通过在$.ajax()方法中自由组合来实现 AJAX，在实际使用中可以用其替换大量的 AJAX 代码，用 jQuery 的方法来实现搜索功能的示例代码如下：

```
<!DOCTYPE html>
<html>
<head>
        <meta charset="utf-8">
        <title>jQuery AJAX</title>
        <script src="http://ajax.googleapis.com/ajax/libs/jquery/3.3.1/jquery.min.js"></script>
    </head>
    <body>
        <p>搜索框：</p>
        <input type="text" id="textbox" onkeyup="listSuggestion()">
        <p id="showSuggestion"></p>
    </body>
    <script>
        function listSuggestion() {
            $.ajax({  // 发送 ajax 请求
                type: "get",
                url: "http://localhost:3000?keywords=" + $("#textbox").val(),
                success: function(data){ // 请求成功时的回调函数
                    $("#showSuggestion").html(data);
                }
            })
        }
```

```
    </script>
</html>
```

页面效果如图 5.14 所示。

图 5.14　结果输出 5.14

用很短的代码就可以成功实现和 XMLHttpRequest 相同的功能，这就是使用 jQuery 的优点，也是它能够流行的原因。

5.3.6　jQuery 用户名查重样例

jQuery 能够把复杂的代码变简单，也能够实现动画效果，本节以用户名查重示例为基础，并为其添加动画效果：当出现用户输入错误或不合法时，会提示错误信息，且“注册”按钮不可获取；当用户名不重复且单击“注册”按钮时，进度条将逐渐读取到 100%，并弹出“注册成功”的提示框，具体代码如下：

```
<!DOCTYPE html>
<html>
    <head>
        <meta charset="utf-8">
        <title>jQuery AJAX</title>
        <script src="http://ajax.googleapis.com/ajax/libs/jquery/3.3.1/jquery.min.js"></script>
    </head>
    <body>
        <p>注册页面：</p>
        <form onsubmit="return regis()">
            <table>
                <tr>
                    <th>用户名:</th>
                    <th>
                        <input type="text" id="username" onblur="checkUsername()">
                    </th>
                    <th><span id="checkResult"></span></th>
                </tr>
                <tr>
                    <th>密码:</th>
                    <th>
                        <input type="password" id="password">
```

```
                </th>
                <th><span id="checkPwd"></span></th>
            </tr>
            <tr>
                <th>确认密码:</th>
                <th>
                    <input type="password" id="confirmPwd">
                </th>
                <th><span id="checkPwd2"></span></th>
            </tr>
        </table>
        <input type="submit" value="注册" id="subSign" disabled=true>
    </form>
    <div style="border: 1px solid #000000;height: 20px;width: 420px">
        <div id="myDiv" style="width: 0;height: 100%;background-color: #000000"></div>
    </div>
</body>
<script>
    function checkUsername() { // 检查用户名
        $.ajax({
            type: "get",
            url: "http://localhost:3000?username=" + $("#username").val(),
            success: function (data) {
                if (data == "isExist") {
                    // 重名时显示提示
                    $("#checkResult").html("用户名已存在");
                } else if (data == "usable") {
                    // 不重名时显示提示，并让“注册”按钮可用
                    $("#checkResult").html("用户名可用");
                    $("#subSign").attr("disabled",false);
                }
            }
        })
    }

    function regis() { // 验证，模拟注册
        $("#checkResult").html("");
        $("#checkPwd").html("");
        $("#checkPwd2").html("");
        if ($("#password").val().length < 6) {
            $("#checkPwd").html("密码过短");
        } else if ($("#password").val() != $("#confirmPwd").val()) {
            $("#checkPwd2").html("两次密码输入不符");
        } else {
            $("#myDiv").animate({width:"420px"},3000,function(){
                alert("注册成功！");
```

```
                });
            }
            return false; // 防止页面刷新
        }
    </script>
</html>
```

其中服务端提供查询数据的结果，当用户输入的用户名重复时，用户名输入框失去焦点后的页面效果如图 5.15 所示。

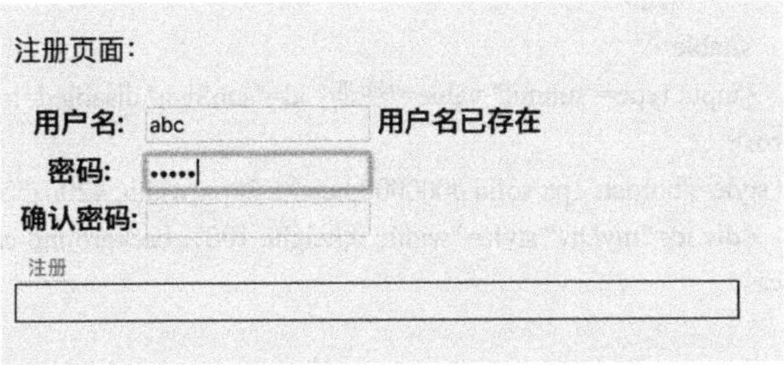

图 5.15　页面效果 5.15

当用户输入合法且输入全部内容后，待进度条读满后的页面效果如图 5.16 所示。

图 5.16　注册成功效果 5.16

当用户单击“注册”按钮后，如果输入全部合法，进度条会在 3s 之内读满，当读满时会弹出“注册成功”的提示框。

5.4　JavaScript 的其他常见类库

JavaScript 的许多常见的功能都被封装到了 JavaScript 类库中，开发者们不需要重复实现一些他人已经实现的功能。因此，学会 JavaScript 类库的使用也是十分重要的。引用 JavaScript 类库时，因为 JavaScript 的加载会影响网页页面的渲染，通常将引用语句放置在 HTML 文件的最后。示例代码如下：

```
<html>
    <body>
    …
    <script str="www.example.com"> </script>
    </body>
```

```
</html>
```

除了 jQuery，JavaScript 常见的类库如下。

1．Stage.js

如图 5.17 所示的 Stage.js 是一个用于开发高性能、动态互动二维（2D）HTML5 图形的超迷你类库。其支持现代浏览器和移动设备，可以用于开发游戏和可视化的应用。Stage.js 提供了 DOM 类型的 API 来创建和播放基于画布的图形。

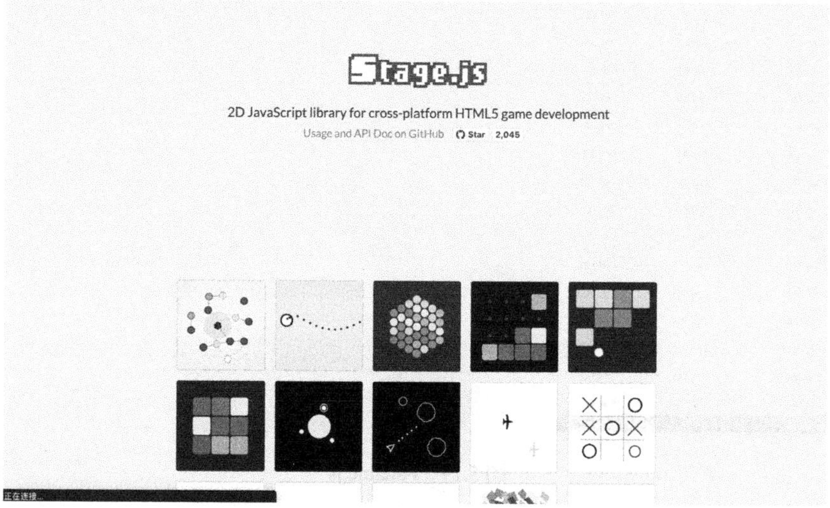

图 5.17　Stage.js

2．Sticker.js

如图 5.18 所示的 Sticker.js 是一个轻量级的 JavaScript 类库，允许用户创建贴纸的效果，且不依赖任何类库，可以在所有支持 CSS3 的主流浏览器（如 IE10 及其以上版本）上工作。Sticker.js 基于 MIT License，其源码可以在 GitHub 下载。

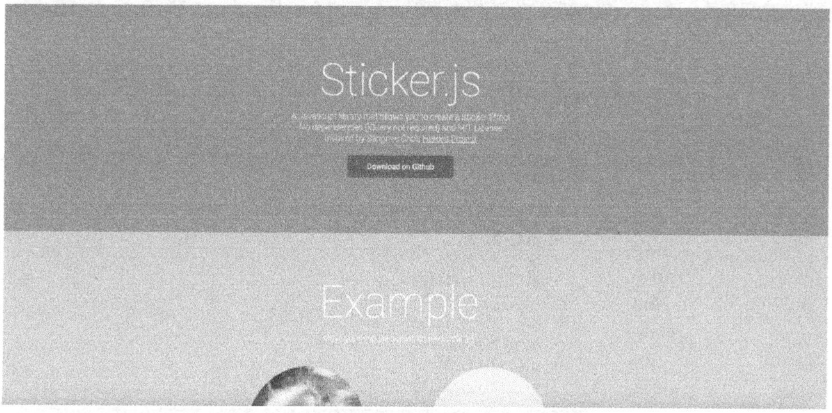

图 5.18　Sticker.js

3．Fattable.js

如图 5.19 所示的 Fattable.js 是一个帮助用户创建无限滚动且拥有无限行列数的表的

JavaScript 类库。比较大的表（多于 10000 个单元格）使用 DOM 处理不是很方便，滚动操作时会变得不均匀，同时比较大的表格其增长的速度也更快，不太可能让用户去下载或者保留全部数据。而 Fattable.js 可以帮助用户很好地处理异步数据加载。

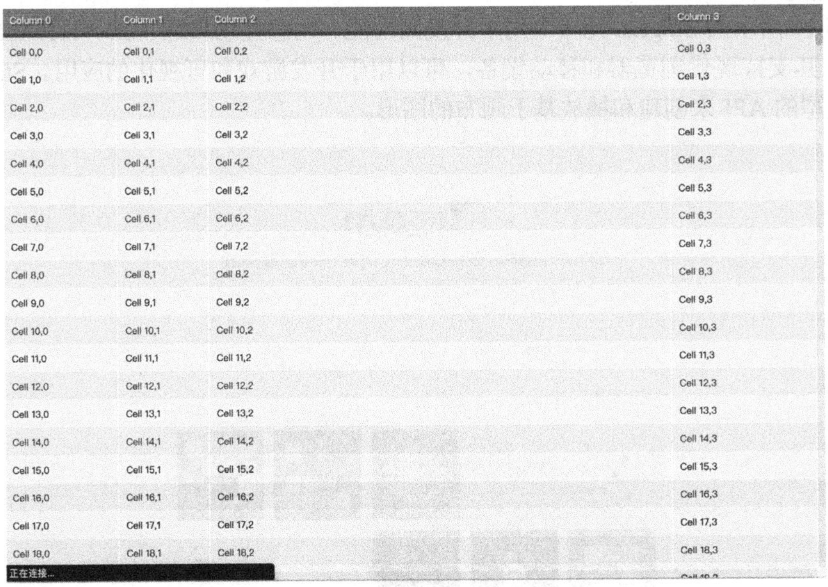

图 5.19　Fattable.js

4．Ramda.js

如图 5.20 所示的 Ramda.js 是一个鼓励用户使用函数编程风格的可选 JavaScript 类库。主要帮助用户基于性能和规则来进行函数化实践。为了保证路径正确，Ramda.js 支持 Node.js 或者浏览器，可以使用常规的 script 来引用或者通过 AMD 加载器来引用，Ramda.js 基于 MIT License，用户可以在 GitHub 下载。

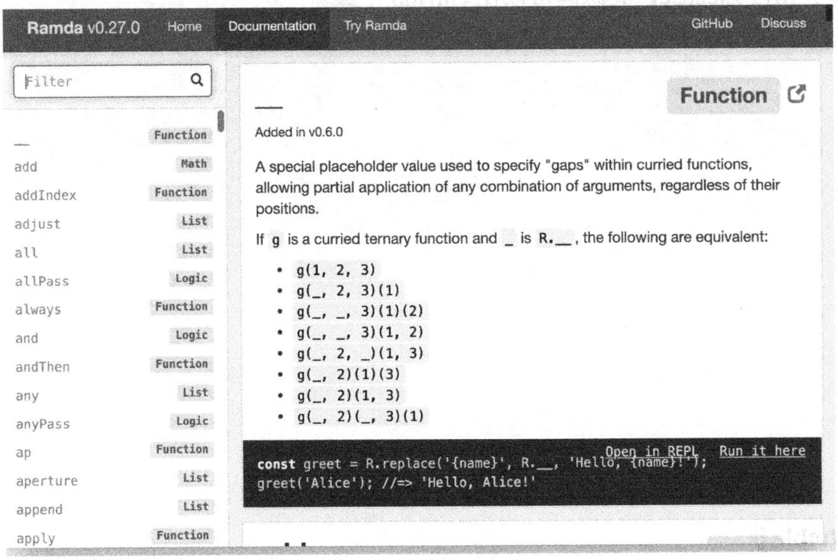

图 5.20　Ramda.js

5．Progress.js

如图 5.21 所示的 Progress.js 是一个帮助开发人员使用 JavaScript 和 CSS3 创建进度条的 JavaScript 类库，用户可以自己设计进度条的模板。Progress.js 可以用来展示加载内容的进度（如图片、视频等），可以应用到所有页面元素中，比如文本输入框（textbox）、文本域（textarea），甚至整个页面（body）。

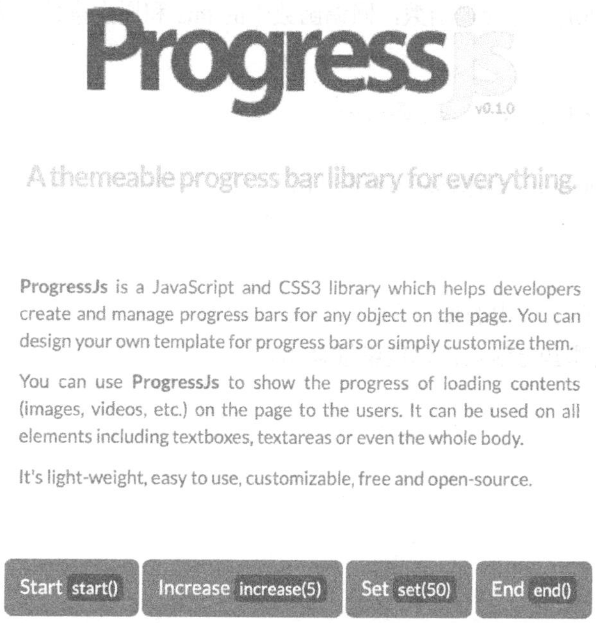

图 5.21　Progress.js

小结

本章主要介绍了 jQuery 的特点以及基础语法，作为目前最流行的前端代码库之一，jQuery 提供了十分丰富且强大的功能，本章只对其做了简要的介绍。在实际开发中，如果能够运用好 jQuery 中的内容就可以产生事半功倍的效果。对于 jQuery 的其他功能以及 JavaScript 的其他常见类库本章没有详细介绍，感兴趣的读者可以尝试对其进行学习。

习题

1．下列哪一个 jQuery 链式调用函数可以用来更改标签的属性？

A．attr　　B．text　　C．html　　D．css

2．$("查询表达式")创建的是 jQuery 实例，而 jQuery 并没有继承自 Array 对象，所以 jQuery 实例并不是数组。

已知文档内有 10 个<div>标签，那么下列代码会输出什么？为什么？

```
var a=[],b=$("div");
a[100]=1,b[100]=3;
console.log(a.length,b.length);
```

3．请用 jQuery 写出下列查询表达式。

（1）文档中第 2 个<div>的 background-color 样式的表达式。

（2）文档中第 6 个具有 width 属性的 img 的 src 的表达式。

4．使用 jQuery 绑定事件回调函数，回调函数中的 this 和原生事件回调的 this 一样，都是触发事件的 DOM 节点。

```
<div class="a"><div class="b"></div></div>
<script>
    $('.a').click(function(e){console.log(this);});
    $('.b').click();
</script>
```

代码输出的是上述<div>中的哪一个？为什么？

5．链式调用下列哪些方法后，仍能继续调用？

（1）keyup()

（2）hover()

（3）animate()

（4）change()

（5）slideDown()

（6）toggle()

（7）each()

（8）size()

（9）height()

（10）text()

（11）html()

（12）first()

6．使用 jQuery 的 html 方法时不加验证，等同于使用 DOM 节点的 innerHTML 写访问器时不加验证，这是一件很危险的操作。除非确信传入 html 方法的字符串是安全的，而不是由用户生成的，否则如非必要，尽量使用其他方法（如 text）代替 html。

试运行下列代码（需已引入 jQuery）：

```
$('body').html('<script>while(1)alert("xss");</script>');
```

这时会出现一个不能关掉的弹窗，可以通过关闭标签页或者关闭浏览器来解决。

现有代码如下（需已引入 jQuery）：

```
<label>姓名:</label><input type="text"  id="username"></input><br>
<div>
    <span id="xss-place"></span>
</div>
```

```
<script>
    $('#username').change(function(){
        $('#xss-place').html(this.value);
    });
</script>
```

试在 input 内输入文本使得页面弹窗显示“xss!”。

试在 input 内使用$.post 方法给任意站点发送一个 post 方式的请求（请在已清空浏览器 Cookie 的情况下操作）。

以上只是进行了一个简单的模拟，而实际中出现更多的情况是前端需要将从后端取出的字符串用于界面渲染。对于前端而言一定要注意，有用户参与生成的文本不可以信任，更不能将它直接用于 html 的生成，否则容易出现恶意代码。

7．请使用 jQuery 向本地服务器发送一个 post 请求，请求正文为 JSON 类型。

8．通过 jQuery 实现动画，令一个宽和高均为 100px 的蓝色块元素沿一个边长为 300px 的正方形内沿，在 10s 内匀速滑动一周。

第6章　综合样例

本章通过 4 个综合样例来进一步说明 JavaScript 的使用。

本章学习目标

- 通过大量样例学习 JavaScript 的应用。

6.1　教务管理系统

下面通过编写一个简单的教务管理系统来展示 HTML、CSS、JavaScript 的开发能力，如图 6.1 所示。

图 6.1　教务管理系统

6.1.1　类库准备

首先，一个教务管理系统最重要的是显示表格内容，为了使表格的显示更为清晰、明了，可以使用 Bootstrap Table。Bootstrap Table 的相关使用方法可以参考其官网“https://bootstrap-table.com/”。

本实例使用 jQuery、Bootstrap，Bootstrap Table 这三个类库。其中 jQuery 是 Google 公司提供的 JavaScript 第三方库，Bootstrap 是 CSS 第三方库，需要配合 jQuery 使用，Bootstrap Table 则是在 jQuery 和 Bootstrap 基础上编写的适合表格应用开发的第三方库。

6.1.2　主页

主页效果如图 6.2 所示。

图 6.2　主页效果

相关代码如下：

```
<!DOCTYPE html>
<html lang="en" class="no-js">
    <head>
        <meta charset="utf-8">
        <title>Administrative System</title>
        <meta name="viewport" content="width=device-width, initial-scale=1.0">
        <meta name="description" content="">
        <meta name="author" content="">
        <!-- CSS -->
        <link rel='stylesheet' href='http://fonts.googleapis.com/css?family=PT+Sans:400,700'>
        <link rel="stylesheet" href="assets/css/reset.css">
        <link rel="stylesheet" href="assets/css/supersized.css">
        <link rel="stylesheet" href="assets/css/style.css">
        <!-- HTML5 shim, for IE6-8 support of HTML5 elements -->
        <!--[if lt IE 9]>
            <script src="http://html5shim.googlecode.com/svn/trunk/html5.js"></script>
        <![endif]-->
    </head>
    <body>
        <div class="page-container">
            <h1>登录</h1>
            <form action="" method="post">
                <input type="text" name="username" class="username" placeholder="用户名">
                <input type="password" name="password" class="password" placeholder="密码">
                <a href="switchPage.html"><button type="submit">登录</button></a>

                <div class="error"><span>+</span></div>
            </form>
```

```
            <!-- JavaScript -->
            <script src="js/jquery-1.11.3.min.js"></script>
            <script src="assets/js/supersized.3.2.7.min.js"></script>
            <script src="assets/js/supersized-init.js"></script>
            <script src="assets/js/scripts.js"></script>
        </body>
    </html>
```

这里使用了一个模板主题，可以通过设置 assets/js 下面的 supersized-init 文件来指定页面的切换效果。

```
    jQuery(function($){
        $.supersized({
            // 基本设置
            slide_interval      : 4000,     // 动画距离
            transition          : 1,        // 0-None, 1-Fade, 2-Slide Top, 3-Slide Right, 4-Slide Bottom, 5-
Slide Left, 6-Carousel Right, 7-Carousel Left
            transition_speed    : 1000,     // 动画速度
            performance         : 1,        // 0-Normal, 1-Hybrid speed/quality, 2-Optimizes image quality,
3-Optimizes transition speed // (仅支持 Firefox/IE，不支持 WebKit)

            // 尺寸和位置
            min_width           : 0,        // 最小宽度 (像素)
            min_height          : 0,        // 最小高度 (像素)
            vertical_center     : 1,        // 垂直居中背景
            horizontal_center   : 1,        // 水平居中背景
            fit_always          : 0,        // 图片永远不会超过浏览器的宽度或高度（忽略最小尺寸）
            fit_portrait        : 1,        // 纵向图像不会超过浏览器高度
            fit_landscape       : 0,        // 横向图片不会超过浏览器宽度

            // 组件
            slide_links         : 'blank',  // 每个 Slide 的链接（选项：false，'num'，'name'，'blank'）
            slides              : [         // Slide 图像列表
                                    {image : 'assets/img/backgrounds/1.jpg'},
                                    {image : 'assets/img/backgrounds/2.jpg'},
                                    {image : 'assets/img/backgrounds/3.jpg'}
                                  ]
        });
    });
```

通过设置 slides 内部的 JSON 数据所包含的路径来控制使用哪几张图片作为随机背景。

6.1.3 数据展示页面

教务管理系统的数据展示页面如图 6.3 所示。

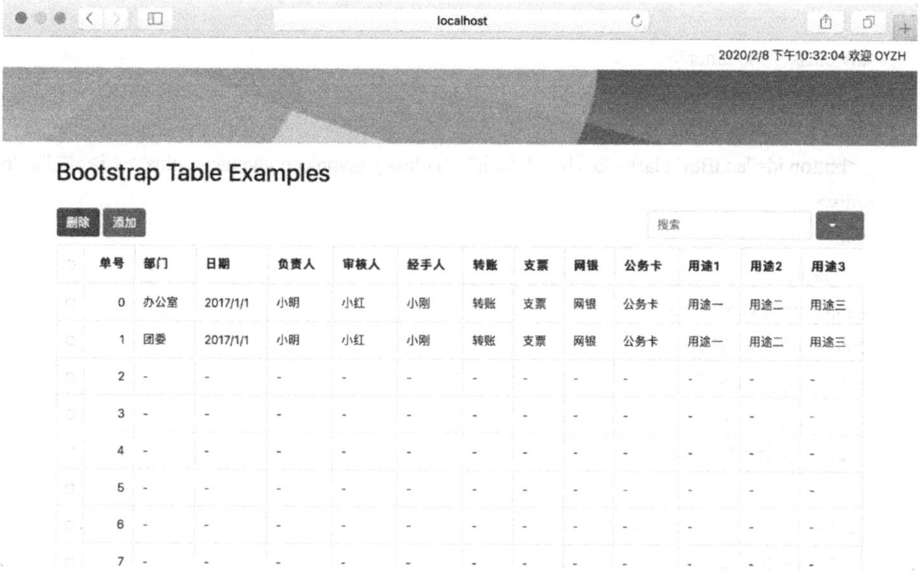

图 6.3　教务管理系统的数据展示页面

相关代码如下：

```
<!DOCTYPE html>
<html lang="en">
<head>
<meta charset="utf-8">
<meta http-equiv="X-UA-Compatible" content="IE=edge">
<meta name="viewport" content="width=device-width, initial-scale=1">
<title>LGC Administrator</title>
<!-- Bootstrap -->
<link rel="stylesheet" href="css/bootstrap.css">
<link rel="stylesheet" href="css/bootstrap-table.css">
<link rel="stylesheet" href="css/customizedStyle.css">
</head>
<body >
<div class="container-fluid" >
<form class="navbar-form navbar-right">
<time></time>
<label>欢迎</label>
 <a>OYZH</a>
</form>
<!-- /.container-fluid -->
</div>

<div class="OYZHDiv">
<img src="images/bgTop.jpg">
</div>
```

```
<div class="container">
  <h1>Bootstrap Table Examples</h1>
  <div id="toolbar">
    <button id="addBtn" class="btn btn-default"><i class="glyphicon glyphicon-plus"></i> 添加</button>
  </div>
 <table
  id="table"
  data-show-export="true"
  data-click-to-select="true"
  data-toggle="table"
   data-height="600"
   data-toolbar="#toolbar"
   data-pagination="true"
   data-url="data/data1.json"
   data-search="true"
   data-id-table="advancedTable"
   data-advanced-search="true"
   data-page-list="[10, 25, 50, 100, ALL]"
   >
    <thead>
        <tr>
            <th data-field="state" data-checkbox="true"></th>
            <th data-field="id" data-align="right">单号</th>
            <th data-field="department" data-align="" >部门</th> <!--data-editable="true"-->
            <th data-field="date" data-align="">日期</th>
            <th data-field="chargeMan" data-align="">负责人</th>
            <th data-field="checkMan" data-align="">审核人</th>
            <th data-field="transactionMan" data-align="">经手人</th>
            <th data-field="transfer" data-align="">转账</th>
            <th data-field="bill" data-align="">支票</th>
            <th data-field="internetBank" data-align="">网银</th>
            <th data-field="card" data-align="">公务卡</th>
            <th data-field="affair1" data-align="">用途 1</th>
            <th data-field="affair2" data-align="">用途 2</th>
            <th data-field="affair3" data-align="">用途 3</th>
        </tr>
    </thead>
</table>
  </div>

<div class="OYZHDiv">
  <div style="position: relative"></div>
  <img src="images/bg-Bottom.png"></img>
</div>
```

```
<footer class="text-center">
  <div class="container">
    <div class="row">
      <div class="col-xs-12">
        <p>Copyright © HTML/CSS/JS Tutorial. All rights reserved.</p>
      </div>
    </div>
  </div>
</footer>
<!-- / FOOTER -->
<!-- jQuery (necessary for Bootstrap's JavaScript plugins) -->
<script src="js/jquery-1.11.3.min.js"></script>
<script src="js/bootstrap-table.js"></script>

<script src="js/bootstrap-table-export.js"></script>
<script src="js/bootstrap-table-toolbar.js"></script>
<script src="js/bootstrap-table-zh-CN.min.js"></script>
<script src="js/tableExport.js"></script>

<!-- Include all compiled plugins (below), or include individual files as needed -->
<script src="js/bootstrap.js"></script>
<script src="js/customizedJS.js"></script>
<script src="js/inputWindow.js"></script>
</body>
</html>
```

上述代码中值得注意的是定义 Bootstrap Table 属性的代码段。

```
<table id="table" data-show-export="true" data-click-to-select="true" data-toggle="table" data-height=
"600" data-toolbar="#toolbar"
        data-pagination="true" data-url="data/data1.json" data-search="true" data-id-table="advancedTable"
data-advanced-search="true"
        data-page-list="[10, 25, 50, 100, ALL]">
```

在<script>中包含了 Bootstrap Table 的 JavaScript 文件，而在 CSS 中则引用了 Bootstrap Table 的 CSS 文件：

```
<link rel="stylesheet" href="css/bootstrap-table.css">
...
<script src="js/bootstrap-table.js"></script>
```

这样 id="table"的元素就会被主动地修改成 Bootstrap Table 的样式。例如，在<table>标签中指定 data-show-export="true"，就可以显示 data-show-export 控件，它可以用来导出数据的格式即显示出下面的控件支持数据导出为 TXT、CSV 等文件格式，如图 6.4 所示。

图 6.4　data-show-export 控件

再如，data-url 可以指定 table 的数据来源，data-url="data/data1.json"字段表示表格数据的来源为"data/data1.json"路径下的 JSON 文件。打开"data/data1.json"文件可以看到如下的数据内容：

```
[
    {
        "id":0,
        "department":"办公室",
        "date":"2017/1/1",
        "chargeMan":"小明",
        "checkMan":"小红",
        "transactionMan":"小刚",
        "transfer":"转账",
        "bill":"支票",
        "internetBank":"网银",
        "card":"公务卡",
        "affair1":"用途一",
        "affair2":"用途二",
        "affair3":"用途三"
    },
    {
        "id":1,
        "department":"团委",
        "date":"2017/1/1",
        "chargeMan":"小明",
        "checkMan":"小红",
        "transactionMan":"小刚",
```

```
            "transfer":"转账",
            "bill":"支票",
            "internetBank":"网银",
            "card":"公务卡",
            "affair1":"用途一",
            "affair2":"用途二",
            "affair3":"用途三"
        },
        { "id": 2, "name": "test2", "price": "$2" },
        { "id": 3, "name": "test3", "price": "$3" },
        { "id": 4, "name": "test4", "price": "$4" },
        { "id": 5, "name": "test5", "price": "$5" },
        { "id": 6, "name": "test6", "price": "$6" },
        { "id": 7, "name": "test7", "price": "$7" },
        { "id": 8, "name": "test8", "price": "$8" },
        { "id": 9, "name": "test9", "price": "$9" },
        { "id": 10, "name": "test10", "price": "$10" },
        { "id": 11, "name": "test11", "price": "$11" },
        { "id": 12, "name": "test12", "price": "$12" },
        { "id": 13, "name": "test13", "price": "$13" },
        { "id": 14, "name": "test14", "price": "$14" },
        { "id": 15, "name": "test15", "price": "$15" },
        { "id": 16, "name": "test16", "price": "$16" },
        { "id": 17, "name": "test17", "price": "$17" },
        { "id": 18, "name": "test18", "price": "$18" },
        { "id": 19, "name": "test19", "price": "$19" },
        { "id": 20, "name": "test20", "price": "$20"}
    ]
```

以上数据是标准的 JSON 数据，即一种键值对的数据结构，它可以方便地显示这类键值对相关的数据。

另外一个值得注意的是右上角的时间显示控件，这里通过编写一个十分简单的 JavaScript 代码实现了时间的显示，主要利用了 JavaScript 自带的 Date()方法。查看 js/customizedJs.js 文件，可以发现如下代码：

```
$(function(){
    setInterval(function(){
        $("time").text(new Date().toLocaleString());
    },1000);
});
```

通过使用 jQuery 选择器“$”选择页面上的 time 元素，再通过 text()方法设置其内部的文本为当前时间；当前时间通过 Date().toLocalString()将时间转换为一个 String 变量来完成显示，Date().toLocalString()会根据当前浏览器的语言设置自动翻译时间，十分方便，如图 6.5 所示。

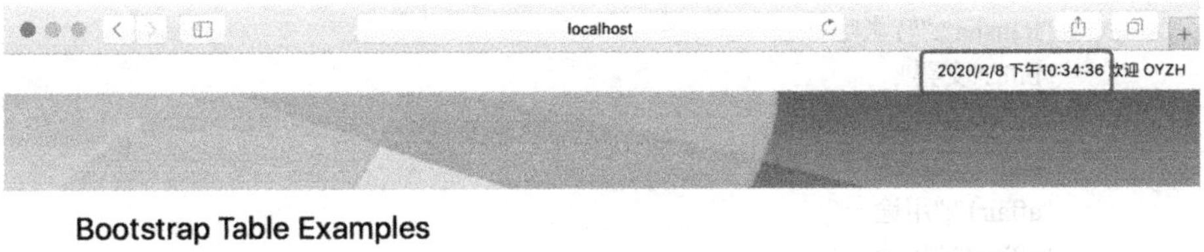

图 6.5　时间显示

6.1.4 用户管理页面

用户管理页面如图 6.6 所示。

图 6.6　用户管理页面

使用框架最大的好处就是可以快速搭建类似的网页。例如，使用 Bootstrap Table 可以快速地建立表格页面，用户管理页面也可以和数据展示页面一样使用表格的形式展现出来。用户管理页面的代码如下：

```
<!DOCTYPE html>
<html lang="en">
<head>
   <meta charset="utf-8">
   <meta http-equiv="X-UA-Compatible" content="IE=edge">
   <meta name="viewport" content="width=device-width, initial-scale=1">
   <title>LGC Administrator</title>
   <!-- Bootstrap -->
   <link rel="stylesheet" href="css/bootstrap.css">
   <link rel="stylesheet" href="css/bootstrap-table.css">
   <link rel="stylesheet" href="css/customizedStyle.css">
</head>
<body>
   <div class="container-fluid">
      <form class="navbar-form navbar-right">
```

```
          <time></time>
          <label>欢迎</label>
          <a>OYZH</a>
        </form>
      </div>
      <div class="OYZHDiv">
        <img src="images/bgTop.jpg">
      </div>
      <div class="container">
        <h1>Bootstrap Table Examples</h1>
        <div id="toolbar">
          <button id="deleteBtn" class="btn btn-danger">
                <i class="glyphicon glyphicon-remove"></i> 删除
          </button>
          <button id="addBtn" class="btn btn-default"><i class="glyphicon glyphicon-plus"></i> 添加
</button>
        </div>
        <table id="table" data-show-export="true" data-click-to-select="true" data-toggle="table" data-
height="600" data-toolbar="#toolbar"
          data-pagination="true" data-url="data/userData.json" data-search="true" data-id-table="advancedTable"
data-advanced-search="true"
          data-page-list="[10, 25, 50, 100, ALL]">
          <thead>
            <tr>
              <th data-field="state" data-checkbox="true"></th>
              <th data-field="id" data-align="">姓名</th>
              <th data-field="userName" data-align="">用户名</th>
              <!--data-editable="true"-->
              <th data-field="limit" data-align="">权限</th>
            </tr>
          </thead>
        </table>
      </div>
      <div class="OYZHDiv">
        <div style="position: relative"></div>
        <img src="images/bg-Bottom.png"></img>
      </div>
      <footer class="text-center">
        <div class="container">
          <div class="row">
            <div class="col-xs-12">
              <p>Copyright © HTML/CSS/JS Tutorial. All rights reserved.</p>
            </div>
          </div>
        </div>
      </footer>
```

```
    <!-- / FOOTER -->
    <!-- jQuery (necessary for Bootstrap's JavaScript plugins) -->
    <script src="js/jquery-1.11.3.min.js"></script>
    <script src="js/bootstrap-table.js"></script>
    <script src="js/bootstrap-table-export.js"></script>
    <script src="js/bootstrap-table-toolbar.js"></script>
    <script src="js/bootstrap-table-zh-CN.min.js"></script>
    <script src="js/tableExport.js"></script>

    <!-- Include all compiled plugins (below), or include individual files as needed -->
    <script src="js/bootstrap.js"></script>
    <script src="js/customizedJS.js"></script>
    <script src="js/inputWindow.js"></script>
  </body>
  </html>
```

注意其中的表格定义语句：

```
<table id="table"
   data-show-export="true"
   data-click-to-select="true"
   data-toggle="table"
   data-height="600"
   data-toolbar="#toolbar"
   data-pagination="true"
   data-url="data/userData.json"
   data-search="true"
   data-id-table="advancedTable"
   data-advanced-search="true"
   data-page-list="[10, 25, 50, 100, ALL]">
   <thead>
      <tr>
         <th data-field="state" data-checkbox="true"></th>
         <th data-field="id" data-align="">姓名</th>
         <th data-field="userName" data-align="">用户名</th>
         <!--data-editable="true"-->
         <th data-field="limit" data-align="">权限</th>
      </tr>
   </thead>
</table>
```

只需在 table 的头标签中定义需要的控件，然后填写好对应的表格头信息（data-field），就能够快速构建表格。

6.1.5 功能测试

1．添加用户

添加用户过程如图 6.7、图 6.8 所示。

图 6.7　添加用户

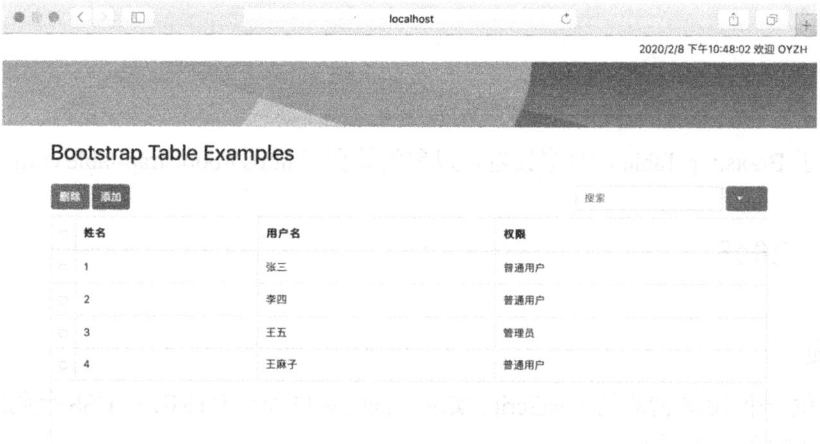

图 6.8　添加用户效果

2. 搜索用户

搜索用户过程如图 6.9 所示。

图 6.9　搜索用户

3．数据导出

数据导出功能效果如图 6.10 所示。

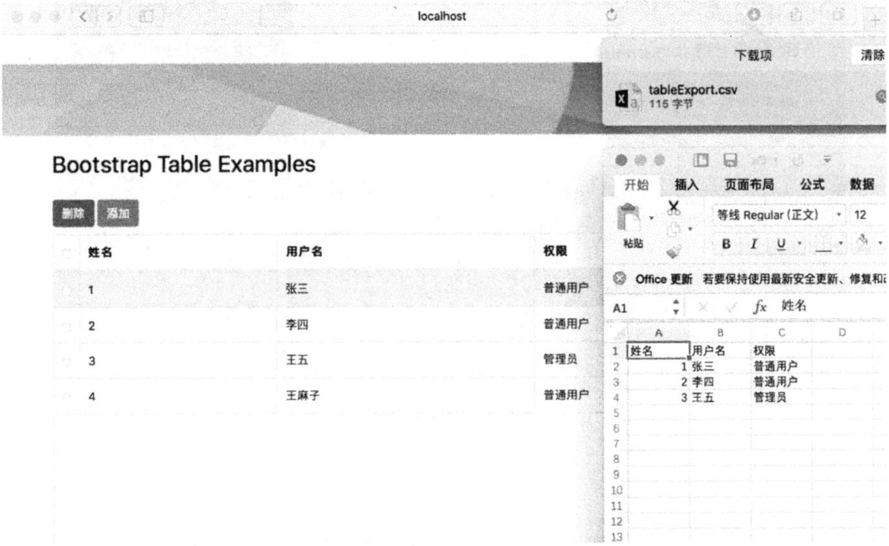

图 6.10　数据导出

更多关于 Bootstrap Table 的信息读者可以参阅其官网 https://bootstrap-table.com/。

6.2　游戏 2048

6.2.1　界面

本书提供一个 2048 游戏的 JavaScript 实现，同时提供少量 HTML 和 CSS 代码用来显示界面。游戏界面如图 6.11 所示。

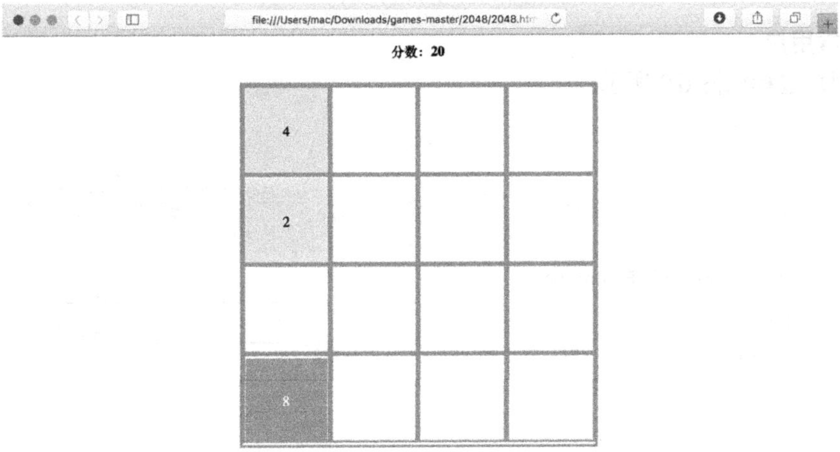

图 6.11　2048 游戏界面

6.2.2 代码

1．HTML 代码

下面是 2048 游戏的 HTML 代码。

```
<html>
<head>
    <meta charset="utf-8">
    <title>2048 小游戏</title>
    <link  href="2048.css"  media="all" rel="stylesheet" />
</head>
<body>
    <h3 id="score">分数：0</h3>
    <div class="g2048">
        <div class="cell"></div>
        <div class="cell"></div>
        <div class="cell"></div>
        <div class="cell"></div>
        <div class="cell"></div>
        <div class="cell"></div>
        <div class="cell"></div>
        <div class="cell"></div>
        <div class="cell"></div>
        <div class="cell"></div>
        <div class="cell"></div>
        <div class="cell"></div>
        <div class="cell"></div>
        <div class="cell"></div>
        <div class="cell"></div>
        <div class="cell"></div>
    </div>
    <script src="http://apps.bdimg.com/libs/jquery/1.8.1/jquery.min.js"></script>
    <script src="2048.js"></script>
</body>
</html>
```

在 HTML 中主要使用<div>标签绘制出 2048 游戏所需要的 4×4 的方格界面，同时提供一个分数显示框。

2．CSS 代码

下面是 2048 游戏的 CSS 代码。

```
* {
    box-sizing: border-box;
}
h3{
    text-align:center;
}
```

```
.g2048{
    border: 4px solid #bbad9e;
    width: 500px;
    height: 500px;
    margin: 30px auto;
    position: relative;
}
.cell{
    float: left;
    height: 25%;
    width: 25%;
    box-sizing:border-box;
    border: 4px solid #bbad9e;
}
.number_cell{
    position: absolute;
    box-sizing:border-box;
    width: 25%;
    height: 25%;
    padding: 4px;
    left: 0;
    top: 0;
    transition: all 0.2s;
    color: #fff;
    font-size: 20px;
}
.number_cell_con{
    width: 100%;
    height: 100%;
    text-align: center;
    position: relative;
}
.number_cell_con span{
    position: absolute;
    top: 50%;
    margin-top: -0.5em;
    left: 0;
    right: 0;
}
/*位置*/
.p00{left:0;top:0;} .p01{left:0; top:25%; } .p02{left:0; top:50%; } .p03{left:0; top:75%; } .p10{left:25%; top:0; } .p11{left:25%; top:25%; } .p12{left:25%; top:50%; } .p13{left:25%; top:75%;} .p20{left:50%; top:0; } .p21{left:50%; top:25%; } .p22{left:50%; top:50%; } .p23{left:50%; top:75%; } .p30{left:75%; top:0; }.p31{left:75%; top:25%;} .p32{left:75%; top:50%; } .p33{left:75%; top:75%; }
/*颜色*/
.n2{background: #eee4da; color: #000; }.n4{background: #ece0c8; color: #000;}.n8{background:
```

```
#f3b179; } .n16{background:#f59563; } .n32{background:#f67c5f; } .n64{background:#f65e3c; } .n128{background:#edce71; } .n256{background:#eccb61; } .n512{background:#edc750; } .n1024{background:#edc631; } .n2048{background:#edc12f; }
```

CSS 定义了游戏中界面元素的样式，例如：

```
.g2048{
    border: 4px solid #bbad9e;
    width: 500px;
    height: 500px;
    margin: 30px auto;
    position: relative;
}
```

这段代码说明 g2048 类的元素（即 HTML 代码中的<div class="g2048">），应当显示边框为 4px、颜色为#bbad9e 的实线，控件宽度和高度均为 500px，上外边距和下外边距均为 30px。右外边距和左外边距则根据页面缩放状态自动计算。由于控件的位置是相对的，因而可以适应不同的页面缩放（一直悬浮在页面中央）。

3. JavaScript 代码

下面是 2048 游戏的 JavaScript 代码。

```
function G2048(){
    this.addEvent();
}

G2048.prototype = {
    constructor:G2048,
    init:function(){
        this.score = 0;
        this.arr = [];
        this.moveAble = false;
        $("#score").html("分数：0");
        $(".number_cell").remove();
        this.creatArr();
    },
    creatArr:function(){
        /*生成原始数组，随机创建前两个格子*/
        var i,j;
        for (i = 0; i < 4; i++) {
            this.arr[i] = [];
            for (j = 0; j < 4; j++) {
                this.arr[i][j] = {};
                this.arr[i][j].value = 0;
            }
        }
        // 随机生成前两个，并且不重复
        var i1,i2,j1,j2;
```

```
        do{
            i1=getRandom(3),i2=getRandom(3),j1=getRandom(3),j2=getRandom(3);
        }while(i1==i2 && j1 == j2);

        this.arrValueUpdate(2,i1,j1);
        this.arrValueUpdate(2,i2,j2);
        this.drawCell(i1,j1);
        this.drawCell(i2,j2);
    },
    drawCell:function(i,j){
        /*画一个新格子*/
        var item = '<div class="number_cell p'+i+j+'" ><div class="number_cell_con n2"><span>'
        +this.arr[i][j].value+'</span></div> </div>';
        $(".g2048").append(item);
    },
    addEvent:function(){
        // 添加事件
        var that = this;
        document.onkeydown=function(event){
            var e = event || window.event || arguments.callee.caller.arguments[0];
            var direction = that.direction;
            var keyCode = e.keyCode;

            switch(keyCode){
                case 39:// 右
                that.moveAble = false;
                that.moveRight();
                that.checkLose();
                break;
                case 40:// 下
                that.moveAble = false;
                that.moveDown();
                that.checkLose();
                break;
                case 37:// 左
                that.moveAble = false;
                that.moveLeft();
                that.checkLose();
                break;
                case 38:// 上
                that.moveAble = false;
                that.moveUp();
                that.checkLose();
                break;
            }
        };
```

```
},
arrValueUpdate:function(num,i,j){
    /*更新一个数组的值*/
    this.arr[i][j].oldValue = this.arr[i][j].value;
    this.arr[i][j].value = num;
},
newCell:function(){
    /*在空白处掉下来一个新的格子*/
    var i,j,len,index;
    var ableArr = [];
    if(this.moveAble != true){
        console.log('不能增加新格子，请尝试向其他方向移动！');
        return;
    }
    for (i = 0; i < 4; i++) {
        for (j = 0; j < 4; j++) {
            if(this.arr[i][j].value == 0){
                ableArr.push([i,j]);
            }
        }
    }
    len = ableArr.length;
    if(len > 0){
        index = getRandom(len);
        i = ableArr[index][0];
        j = ableArr[index][1];
        this.arrValueUpdate(2,i,j);
        this.drawCell(i,j);
    }else{
        console.log('没有空闲的格子了！');
        return;
    }
},
moveDown:function(){
    /*向下移动*/
    var i,j,k,n;
    for (i = 0; i < 4; i++) {
        n = 3;
        for (j = 3; j >= 0; j--) {
            if(this.arr[i][j].value==0){
                continue;
            }
            k = j+1;
            aa:
            while(k<=n){
                if(this.arr[i][k].value == 0){
```

```
                    if(k == n || (this.arr[i][k+1].value!=0 && this.arr[i][k+1].value!=this.arr[i][j].value)){
                        this.moveCell(i,j,i,k);
                    }
                    k++;

                }else{
                    if(this.arr[i][k].value == this.arr[i][j].value){
                        this.mergeCells(i,j,i,k);
                        n--;
                    }
                    break aa;
                }
            }
        }
    }
    this.newCell();// 生成一个新格子，后面要对其做判断
},
moveUp:function(){
    /*向上移动*/
    var i,j,k,n;
    for (i = 0; i < 4; i++) {
        n=0;
        for (j = 0; j < 4; j++) {
            if(this.arr[i][j].value==0){
                continue;
            }
            k = j-1;
            aa:
            while(k>=n){
                if(this.arr[i][k].value == 0){
                    if(k == n || (this.arr[i][k-1].value!=0 && this.arr[i][k-1].value!=this.arr[i][j].value)){
                        this.moveCell(i,j,i,k);
                    }
                    k--;
                }else{
                    if(this.arr[i][k].value == this.arr[i][j].value){
                        this.mergeCells(i,j,i,k);
                        n++;
                    }
                    break aa;
                }
            }
        }
    }
    this.newCell();// 生成一个新格子，后面要对其做判断
},
```

```
moveLeft:function(){
    /*向左移动*/
    var i,j,k,n;
    for (j = 0; j < 4; j++) {
        n=0;
        for (i = 0; i < 4; i++) {
            if(this.arr[i][j].value==0){
                continue;
            }
            k=i-1;
            aa:
            while(k>=n){
                if(this.arr[k][j].value == 0){
                    if(k == n || (this.arr[k-1][j].value!=0 && this.arr[k-1][j].value!=this.arr[i][j].value)){
                        this.moveCell(i,j,k,j);
                    }
                    k--;
                }else{
                    if(this.arr[k][j].value == this.arr[i][j].value){
                        this.mergeCells(i,j,k,j);
                        n++;
                    }
                    break aa;
                }
            }
        }
    }
    this.newCell();// 生成一个新格子，后面要对其做判断
},
moveRight:function(){
    /*向右移动*/
    var i,j,k,n;
    for (j = 0; j < 4; j++) {
        n = 3;
        for (i = 3; i >= 0; i--) {
            if(this.arr[i][j].value==0){
                continue;
            }
            k = i+1;
            aa:
            while(k<=n){
                if(this.arr[k][j].value == 0){
                    if(k == n || (this.arr[k+1][j].value!=0 && this.arr[k+1][j].value!=this.arr[i][j].value)){
                        this.moveCell(i,j,k,j);
                    }
                    k++;
```

```
                    }else{
                        if(this.arr[k][j].value == this.arr[i][j].value){
                            this.mergeCells(i,j,k,j);
                            n--;
                        }
                        break aa;
                    }
                }
            }
        }
        this.newCell();// 生成一个新格子，后面要对其做判断
    },
    mergeCells:function(i1,j1,i2,j2){
        /*移动并合并格子*/
        var temp =this.arr[i2][j2].value;
        var temp1 = temp * 2;
        this.moveAble = true;
        this.arr[i2][j2].value = temp1;
        this.arr[i1][j1].value = 0;
        $(".p"+i2+j2).addClass('toRemove');
        var theDom = $(".p"+i1+j1).removeClass("p"+i1+j1).addClass("p"+i2+j2).find('.number_cell_con');
        setTimeout(function(){
            $(".toRemove").remove();
            theDom.addClass('n'+temp1).removeClass('n'+temp).find('span').html(temp1);
        },200);// 200ms 是移动耗时
        this.score += temp1;
        $("#score").html("分数："+this.score);
        if(temp1 == 2048){
            alert('you win!');
            this.init();
        }
    },
    moveCell:function(i1,j1,i2,j2){
        /*移动格子*/
        this.arr[i2][j2].value = this.arr[i1][j1].value;
        this.arr[i1][j1].value = 0;
        this.moveAble = true;
        $(".p"+i1+j1).removeClass("p"+i1+j1).addClass("p"+i2+j2);
    },
    checkLose:function(){
        /*判输*/
        var i,j,temp;
        for (i = 0; i < 4; i++) {
            for (j = 0; j < 4; j++) {
                temp = this.arr[i][j].value;
```

```
                    if(temp == 0){
                        return false;
                    }
                    if(this.arr[i+1] && (this.arr[i+1][j].value==temp)){
                        return false;
                    }
                    if((this.arr[i][j+1]!=undefined) && (this.arr[i][j+1].value==temp)){
                        return false;
                    }
                }
            }
            alert('you lose!');
            this.init();
            return true;
        }
    }
    // 生成0～n之间的随机正整数
    function getRandom(n){
        return Math.floor(Math.random()*n)
    }
    var g = new G2048();
    g.init();
```

JavaScript 在这里主要实现了以下几个功能：

1）初始化的时候随机生成两个值为 2 的格子，注意需要处理掉两个格子生成到一个格子上的问题。

2）方块的移动和合并，以及方块移动的动画，根据移动后的值来改变方块的颜色。需要注意操作的顺序，方块数值的变化主要是通过添加和移除 2～2048 所代表的颜色的类来实现的，位置是通过添加和移除对应位置所代表的类来实现的，动画则是利用 CSS3 进行的过渡。

3）判断某个方向上不能移动，不能出现新的格子。

4）随机在空白处出现下一块格子。

5）判输。需要满足条件：①没有空格子；②横向上没有相邻且相等的方块；③纵向上没有相邻且相等的方块。任何一项不满足都不能判输。

6）判赢。某个格子的值达到 2048。

7）分数。任意两个格子合并的时候，分数增加，两个格式的值相加，并将其赋予合并后的方块。

8）方块 div 元素的大小任意设置，方块中的数字始终垂直居中。

9）核心算法是判断每个格子移动到什么位置，应不应该合并。

这里使用的方法是，循环到每一个格子，然后这个格子的值依次去跟它移动方向上的下一位做比较。下一位如果是空，则可以继续跟下下一位比较，直到比较值不是空，即比较值存在或者遇到边界（之前有合并的值所对应的格子或移动方向上的最后一格），判断是移动并合并还是只移动，以及最终的移动方位和值。

6.3 俄罗斯方块

6.3.1 代码及展示

JavaScript 实现的俄罗斯方块游戏代码如下所示：

```
<!DOCTYPE html>
<html>
<head>
</head>
<body>
    <div id="box" style="width:252px;font:25px/25px 宋体;background:#000;color:#9f9;border:#999 20px ridge;text-shadow:2px 3px 1px #0f0;"></div>
    <script>
        var map = eval("[" + Array(23).join("0x801,") + "0xfff]");
        var tatris = [[0x6600], [0x2222, 0xf00], [0xc600, 0x2640], [0x6c00, 0x4620], [0x4460, 0x2e0, 0x6220, 0x740], [0x2260, 0xe20, 0x6440, 0x4700], [0x2620, 0x720, 0x2320, 0x2700]];
        var keycom = { "38": "rotate(1)", "40": "down()", "37": "move(2,1)", "39": "move(0.5,-1)" };
        var dia, pos, bak, run;
        function start() {
            dia = tatris[~~(Math.random() * 7)];
            bak = pos = { fk: [], y: 0, x: 4, s: ~~(Math.random() * 4) };
            rotate(0);
        }
        function over() {
            document.onkeydown = null;
            clearInterval(run);
            alert("GAME OVER");
        }
        function update(t) {
            bak = { fk: pos.fk.slice(0), y: pos.y, x: pos.x, s: pos.s };
            if (t) return;
            for (var i = 0, a2 = ""; i < 22; i++)
                a2 += map[i].toString(2).slice(1, -1) + "<br/>";
            for (var i = 0, n; i < 4; i++)
                if (/([^0]+)/.test(bak.fk[i].toString(2).replace(/1/g, "\u25a1")))
                    a2 = a2.substr(0, n = (bak.y + i + 1) * 15 - RegExp.$_.length - 4) + RegExp.$1 + a2.slice(n + RegExp.$1.length);
            document.getElementById("box").innerHTML = a2.replace(/1/g, "\u25a0").replace(/0/g, "\u3000");
        }
        function is() {
            for (var i = 0; i < 4; i++)
                if ((pos.fk[i] & map[pos.y + i]) != 0) return pos = bak;
        }
        function rotate(r) {
            var f = dia[pos.s = (pos.s + r) % dia.length];
```

```
            for (var i = 0; i < 4; i++)
                pos.fk[i] = (f >> (12 - i * 4) & 15) << pos.x;
            update(is());
        }
        function down() {
            ++pos.y;
            if (is()) {
                for (var i = 0; i < 4 && pos.y + i < 22; i++)
                    if ((map[pos.y + i] |= pos.fk[i]) == 0xfff)
                        map.splice(pos.y + i, 1), map.unshift(0x801);
                if (map[1] != 0x801)
                    return over();
                start();
            }
            update();
        }
        function move(t, k) {
            pos.x += k;
            for (var i = 0; i < 4; i++)
                pos.fk[i] *= t;
            update(is());
        }
        document.onkeydown = function (e) {
            eval(keycom[(e ? e : event).keyCode]);
        };
        start();
        run = setInterval("down()", 400);
    </script>
</body>
</html>
```

JavaScript 实现的俄罗斯方块游戏的效果如图 6.12 所示。

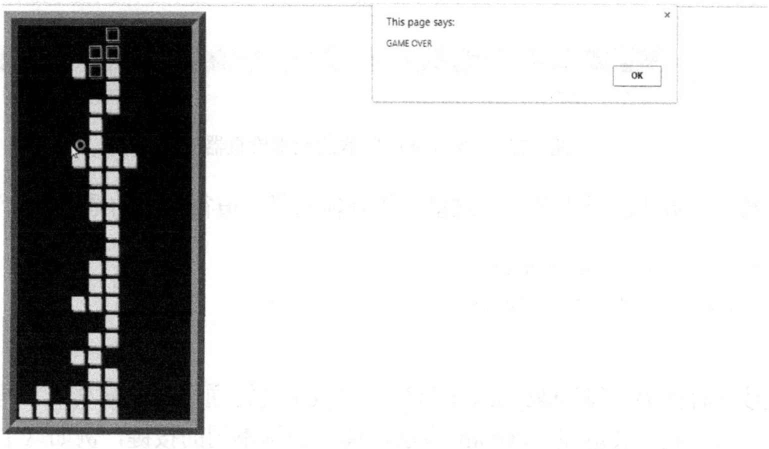

图 6.12　JavaScript 实现的俄罗斯方块游戏的效果

6.3.2 代码分析

```
<div id="box" style="width:252px;font:25px/25px 宋体;background:#000;color:#9f9;border:#999 20px ridge;text-shadow:2px 3px 1px #0f0;"></div>
```

这段代码用来显示游戏界面，通过设置 div 的 boder、color 等属性（尤其注意 border 属性的 ridge 参数），让游戏能够在一个有立体感的空间里进行。

```
var map = eval("[" + Array(23).join("0x801,") + "0xfff]");
var tatris = [[0x6600], [0x2222, 0xf00], [0xc600, 0x2640], [0x6c00, 0x4620], [0x4460, 0x2e0, 0x6220, 0x740], [0x2260, 0xe20, 0x6440, 0x4700], [0x2620, 0x720, 0x2320, 0x2700]];
var keycom = { "38": "rotate(1)", "40": "down()", "37": "move(2,1)", "39": "move(0.5,-1)" };
var dia, pos, bak, run;
```

这段代码初始化了游戏的参数，以及键盘按钮对应操作的代码方法。代码中使用了字符来描绘方块的移动轨迹，通过 Chrome 浏览器的元素检查器可以看到如图 6.13 所示的界面。

从图 6.13 可以发现，游戏的 box 元素的文字内容在时刻更新，如果让这些文字内容对齐，则就像一个个方块在移动。

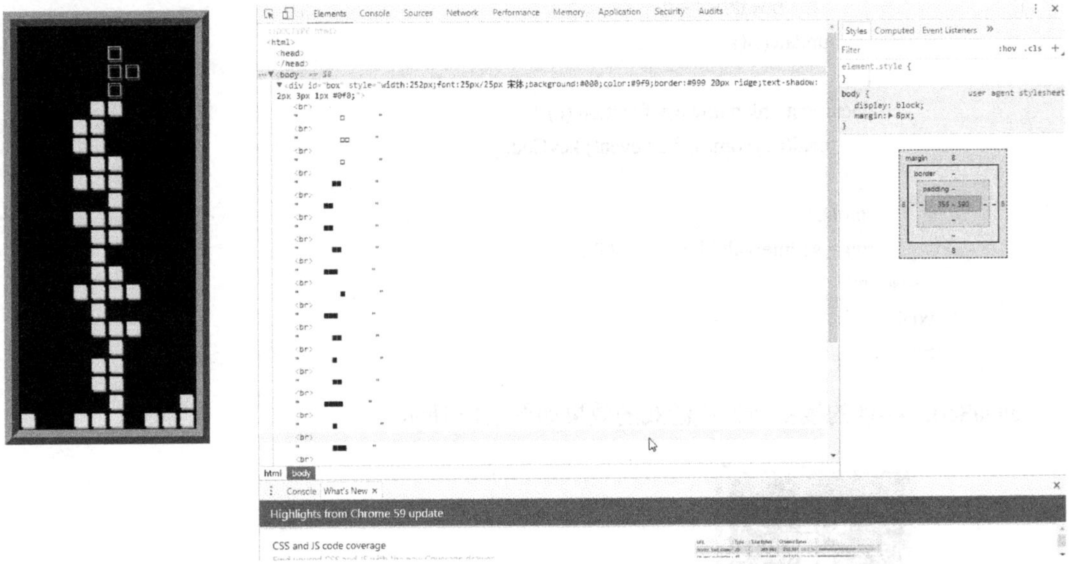

图 6.13　Chrome 浏览器的元素检查器

中间的函数大多数比较易于理解，这里不作具体阐释。值得注意的是以下方法：

```
document.onkeydown = function (e) {
    eval(keycom[(e ? e : event).keyCode]);
};
```

每次键盘按下时都会触发 onkeydown 事件，将按下的键通过变量 e 传入，再通过 eval 方法连接一些列操作，最后会触发 keycom 方法，通过识别不同的按键，例如〈↑〉键对应 38 号指令，调用 rotate 方法可以使当前的方块发生旋转。

6.4 计算器

6.4.1 代码及展示

本节使用 JavaScript 编写一个美观的计算器，编写时会使用 CSS3 和 HTML 的知识，读者可以更好地了解 HTML、CSS 和 JavaScript 之间的关系。代码如下：

```
<div id="calculator">
  <!-- Screen and clear key -->
  <div class="top">
      <span class="clear">C</span>
      <div class="screen"></div>
  </div>
  <div class="keys">
      <!-- operators and other keys -->
      <span>7</span>
      <span>8</span>
      <span>9</span>
      <span class="operator">+</span>
      <span>4</span>
      <span>5</span>
      <span>6</span>
      <span class="operator">-</span>
      <span>1</span>
      <span>2</span>
      <span>3</span>
      <span class="operator">÷</span>
      <span>0</span>
      <span>.</span>
      <span class="eval">=</span>
      <span class="operator">×</span>
  </div>
</div>
<style type="text/css">
  /* 清除基本样式默认值 */
* {
  margin: 0;
  padding: 0;
  box-sizing: border-box;
  /* 字体样式 */
  font: bold 14px Arial, sans-serif;
}

/* 背景渐变 */
html {
```

```
  height: 100%;
  background: white;
  background: radial-gradient(circle, #fff 20%, #ccc);
  background-size: cover;
}

/* 用 box-shadow 创建 3D 效果 */
#calculator {
  width: 325px;
  height: auto;
  margin: 100px auto;
  padding: 20px 20px 9px;
  background: #9dd2ea;
  background: linear-gradient(#9dd2ea, #8bceec);
  border-radius: 3px;
  box-shadow: 0px 4px #009de4, 0px 10px 15px rgba(0, 0, 0, 0.2);
}

/* Top 部分 */
.top span.clear {
  float: left;
}

/* 插图添加阴影来创建缩进 */
.top .screen {
  height: 40px;
  width: 212px;
  float: right;
  padding: 0 10px;
  background: rgba(0, 0, 0, 0.2);
  border-radius: 3px;
  box-shadow: inset 0px 4px rgba(0, 0, 0, 0.2);
  /* 字体样式 */
  font-size: 17px;
  line-height: 40px;
  color: white;
  text-shadow: 1px 1px 2px rgba(0, 0, 0, 0.2);
  text-align: right;
  letter-spacing: 1px;
}

/* 清除浮动 */
.keys, .top {overflow: hidden;}

/* 对按键添加样式 */
.keys span, .top span.clear {
```

```
    float: left;
    position: relative;
    top: 0;
    cursor: pointer;
    width: 66px;
    height: 36px;
    background: white;
    border-radius: 3px;
    box-shadow: 0px 4px rgba(0, 0, 0, 0.2);

    margin: 0 7px 11px 0;
    color: #888;
    line-height: 36px;
    text-align: center;
    /* 限制按键中的文本被选中 */
    user-select: none;
    /* 添加过渡动画效果 */
    transition: all 0.2s ease;
}

/* 移除操作键的右边距 */
/* 对 operators/evaluate/clear 按钮添加特有样式 */
.keys span.operator {
    background: #FFF0F5;
    margin-right: 0;
}

.keys span.eval {
    background: #f1ff92;
    box-shadow: 0px 4px #9da853;
    color: #888e5f;
}

.top span.clear {
    background: #ff9fa8;
    box-shadow: 0px 4px #ff7c87;
    color: white;
}

/* 按键的 hover 效果 */
.keys span:hover {
    background: #9c89f6;
    box-shadow: 0px 4px #6b54d3;
    color: white;
}
```

```
.keys span.eval:hover {
  background: #abb850;
  box-shadow: 0px 4px #717a33;
  color: #ffffff;
}

.top span.clear:hover {
  background: #f68991;
  box-shadow: 0px 4px #d3545d;
  color: white;
}

/* 通过向下移动盒子阴影来模拟键被按下时的效果 */
.keys span:active {
  box-shadow: 0px 0px #6b54d3;
  top: 4px;
}

.keys span.eval:active {
  box-shadow: 0px 0px #717a33;
  top: 4px;
}

.top span.clear:active {
  top: 4px;
  box-shadow: 0px 0px #d3545d;
}
</style>


<script type="text/JavaScript">
  // 获取所有的按键
var keys = document.querySelectorAll('#calculator span');
var operators = ['+', '-', '×', '÷'];
var decimalAdded = false;

// 对所有的按键绑定单击事件
for(var i = 0; i < keys.length; i++) {
  keys[i].onclick = function(e) {
      // 获取 input 和 button 的值
      var input = document.querySelector('.screen');
      var inputVal = input.innerHTML;
      var btnVal = this.innerHTML;

      // 现在，只需将键值（btnValue）附加到输入字符串，最后使用 JavaScript 的 eval 函数获取
结果
```

```
// 如果按下清除按钮，则进行重置
if(btnVal == 'C') {
    input.innerHTML = '';
    decimalAdded = false;
}

// 如果按"="键，则计算并显示结果
else if(btnVal == '=') {
    var equation = inputVal;
    var lastChar = equation[equation.length - 1];

    // 将所有实例的×和÷分别替换为*和/。使用正则表达式和'g'标签可以轻松完成此操作，该标签将替换所有实例中匹配的字符或子字符串
    equation = equation.replace(/×/g, '*').replace(/÷/g, '/');

    // 最后检查方程式的最后一个字符，如果是运算符或小数，则将其删除
    if(operators.indexOf(lastChar) >-1 || lastChar == '.')
        equation = equation.replace(/.$/, '');

    if(equation)
        input.innerHTML = eval(equation);

    decimalAdded = false;
}

// 计算器的基本功能已完成，但是有一些问题，例如：
// 1.不应连续添加两个运算符
// 2.除负号外，方程式不应从运算符开始
// 3.数字中不能超过 1 个小数

// 通过一些简单的操作来解决这些问题
// indexOf 仅支持 IE9+
else if(operators.indexOf(btnVal) > -1) {
    // 单击运算符
    // 从输入中获取最后一个字符
    var lastChar = inputVal[inputVal.length-1];

    // 如果 input 不为空而且最后一个不是运算符，则添加该按键值
    if(inputVal != '' && operators.indexOf(lastChar) == -1)
        input.innerHTML += btnVal;

    // 如果输入为空则允许输入减号
    else if(inputVal == '' && btnVal == '-')
        input.innerHTML += btnVal;

    // 用刚输入的运算符替换最后一个运算符
```

```
            if(operators.indexOf(lastChar) > -1 && inputVal.length > 1) {
                // 这里，'.'匹配任何字符，而$表示字符串的末尾，因此字符串末尾的任何内容（在这种情况下将是运算符）都将被新的运算符替换
                input.innerHTML = inputVal.replace(/.$/, btnVal);
            }

            decimalAdded =false;
        }

        // 可以使用 decimalAdded 标志轻松解决十进制问题，一旦添加了小数，就要对其进行设置，并防止设置后再添加更多的小数。当按下运算符、"="或清除键时，decimalAdded 标志将重置
        else if(btnVal == '.') {
            if(!decimalAdded) {
                input.innerHTML += btnVal;
                decimalAdded = true;
            }
        }

        // 如果是其他键，则追加到最后
        else {
            input.innerHTML += btnVal;
        }

        // 阻止默认事件
        e.preventDefault();
    }
}
</script>
```

计算器的显示效果如图 6.14 所示。

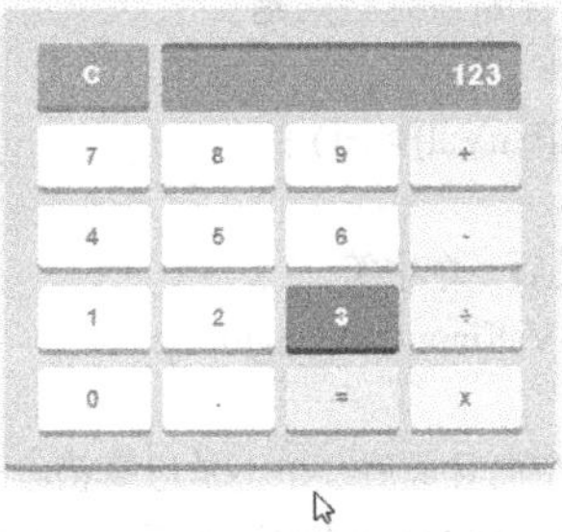

图 6.14 计算器的显示效果

6.4.2 代码分析

接下来对 JavaScript 代码部分进行分析。

```
// 获取所有的按键
```

```
var keys = document.querySelectorAll('#calculator span');
var operators = ['+', '-', '×', '÷'];
var decimalAdded = false;
```

上面的代码段将 HTML 元素中的 calculator 下的所有 span 元素获取到 keys 变量中，这些元素是页面上所有的按键元素。之后将“+−×/”四则运算的操作放入到 operators 变量中，使用 decimalAdded 变量追踪小数点状态。

```
input.innerHTML
```

上述代码中的变量为结果显示框，每次操作界面需要改变显示值时，会改变这个变量的值；需要获取当前变量值时，也会从 input.innerHTML 中得到变量的值。

接下来分析单击“=”按钮时触发的事件。

```
// 如果按下“=”键，计算并显示结果
else if(btnVal == '=') {
    var equation = inputVal;
    var lastChar = equation[equation.length - 1];

    // 将所有实例的×和÷分别替换为*和/。使用正则表达式和'g'标签可以轻松完成此操作，该标
签将替换所有实例中匹配的字符或子字符串
    equation = equation.replace(/×/g, '*').replace(/÷/g, '/');

    // 检查方程式的最后一个字符，如果是运算符或小数，则将其删除
    if(operators.indexOf(lastChar) > -1 || lastChar == '.')
        equation = equation.replace(/.$/, '');

    if(equation)
        input.innerHTML = eval(equation);

    decimalAdded = false;
}
```

当触发“=”按钮单击事件时，会将所有的“×”和“÷”替换为 JavaScript 中可以进行运算的“*”和“/”，这里是利用正则表达式进行字符串替换（replace 方法），将字符串中所有的“×”和“÷”同义替换。当搜集完所有的用户输入后，将最后的非法字符，例如多余的四则运算符号和小数点号删除，最后通过 eval 方法计算整合的操作，将结果传入到 input.innerHTML 中，显示出最终的运算结果。

小结

通过这一部分学习，读者能够更深切地感受到 JavaScript 的魅力，可以将网页制作技术应用在众多场景下，来完成许多有趣的任务。

最后回顾一下 JavaScript 的内容。

1．什么是 JavaScript

JavaScript 是一种动态的计算机编程语言，是一种具有面向对象功能的解释型编程语言。它是轻量级的，通常用作网页的一部分，通过 JavaScript，客户端脚本能够与用户交互并渲染动态页面。

1995 年，JavaScript 首次以 LiveScript 的名字在 Netscape 2.0 中出现，其通用核心已经嵌入在 Netscape、Internet Explorer 和其他网络浏览器中。

其中，核心 JavaScript 语言的规范及标准是基于 ECMA-262 规范定义的。

JavaScript 的特点如下：

1）JavaScript 是一种轻量级的解释型编程语言。

2）专为创建以网络为中心的应用程序而设计。

3）与 Java 的补充和集成。

4）与 HTML 的互补和集成。

5）开放和跨平台。

2．客户端 JavaScript

客户端 JavaScript 是一种较为常见的语言形式。JavaScript 脚本应包含在 HTML 文档中或由 HTML 文档引用，以供浏览器解释。

这意味着网页不仅仅是静态 HTML，还可以包括与用户交互的程序、控制浏览器，以及动态创建的 HTML 内容。

相比传统的 CGI 服务器端脚本，JavaScript 客户端机制拥有许多优点。例如，可以使用 JavaScript 来检查用户是否在表单字段中输入了有效的电子邮件地址。

JavaScript 代码在用户提交表单时执行，只有所有条目都有效时，才会将其提交给 Web 服务器。

JavaScript 可用于捕获用户启动的事件，例如单击按钮、链接导航和用户显式或隐式启动的其他操作。

3．JavaScript 的优点

1）较少的服务器交互。可以在将页面内容提交到服务器之前验证用户输入。这样可以节省服务器流量，也意味着服务器的负载较小。

2）立即反馈给访问者。他们不必等待页面重新加载。

3）增加交互性。当用户用鼠标悬停在其上或通过键盘激活它们时，可以创建相应的界面。

4）更丰富的界面。可以使用 JavaScript 来构建功能强大的组件，例如拖放组件和滑块等，为网站访问者提供丰富的界面。

4．JavaScript 的限制

虽然 JavaScript 具备这么多的优点，但并不能将其视为完整的编程语言，它还受到以下方面的限制。

1）出于安全原因，客户端 JavaScript 不允许读取或写入文件。

2）JavaScript 不能用于网络应用程序，因为没有这样的支持可用。

3）JavaScript 没有任何多线程或多处理器功能。

再次强调，JavaScript 是一种轻量级的解释型编程语言，JavaScript 可让静态 HTML 页面具备强大的交互功能。

5．JavaScript 开发工具

JavaScript 的优点之一是它不需要昂贵的开发工具，我们可以从简单的文本编辑器（如记事本）开始。由于它是 Web 浏览器上下文中的解释语言，所以我们甚至不需要购买编译器。

6．今天的 JavaScript 在哪里

ECMAScript Edition 5 发布后被广泛使用，而 ES6 是继 ES5 之后的一次主要改进，并持续发布新版本。JavaScript 是符合 ECMAScript 标准的，两者之间的区别是非常小的。JavaScript 相关的规范读者可以登录 https://www.ecma-international.org 进行查看。

参 考 文 献

[1] 刘智勇，王文强，等. JavaScript 从入门到精通[M]. 北京：化学工业出版社，2009.

[2] 曾光，马军. JavaScript 入门与提高[M]. 北京：科学出版社，2008.

[3] 鲍尔斯. JavaScript 学习指南：第 2 版[M]. 李荣青，吴兰陟，申来安，译. 北京：人民邮电出版社，2009.

[4] CANTELON M, HARTER M, HOLOWAYCHUK T J， et al. Node.js 实战[M]. 吴海星，译. 北京：人民邮电出版社，2014.

[5] 单东林，张晓菲，魏然，等. 锋利的 jQuery [M]. 2 版.北京：人民邮电出版社，2012.

[6] DUCKETT J. HTML、XHTML、CSS 与 JavaScript 入门经典[M]. 王德才，吴明飞，姜少孟，译. 北京：清华大学出版社，2011.

[7] 王爱华，王轶凤，吕凤顺. HTML+CSS+JavaScript 网页制作简明教程[M]. 北京：清华大学出版社，2014.

[8] 刘西杰，柳林. HTML、CSS、JavaScript 网页制作从入门到精通[M]. 北京：人民邮电出版社，2013.

[9] 巅峰卓越. 移动 Web 开发从入门到精通[M]. 北京：人民邮电出版社，2017.

[10] 文杰书院. Dreamweaver CS6 网页设计与制作基础教程[M]. 北京：清华大学出版社，2014.

[11] LOPES C T, FRANZ M, KAZI F, et al. Cytoscape Web: an interactive web-based network browser[J]. Bioinformatics, 2010, 26(18):2347-2348.

[12] MATTHEWS C R, TRUONG S. System and method for community interfaces: US 20030050986 A1[P]. 2003.

[13] PACIFICI G, YOUSSEF A. Markup system for shared HTML documents: US 6230171 B1[P]. 2001.

[14] 未来科技. JavaScript 从入门到精通：微课视频版[M]. 2 版. 北京：中国水利水电出版社，2019.

[15] 柯霖廷. JavaScript 编程思想:从 ES5 到 ES9[M]. 北京：清华大学出版社，2019.